全国高等学校优秀测绘教材

全国测绘地理信息类职业教育规划教材

Visual Basic 测绘程序设计

（第 2 版）

主编　秦永乐

黄 河 水 利 出 版 社

· 郑州 ·

内 容 提 要

本书从 Visual Basic(VB)句法、语法和模块化设计思想入手,到 VB 界面设计、事件编程、文件访问等逐步介绍 Visual Basic 语言基本要素方面的知识和应用,然后集中讲述了 Visual Basic 在测绘专业上的应用,专业示例代码丰富,步骤清晰,解说明了。书中每章都附有练习题,可供学习者练习测试。

本书旨在为高职高专测绘类专业的学生提供一本应用型的教材,重点是让学习者能从测绘专业应用的角度,了解和学习利用 Visual Basic 进行专业小程序设计的常见方法。另外,书中还就 AutoCAD、Excel宏 VBA 应用开发、MatrixVB 的使用等方面提供了一些颇有价值的参考。

图书在版编目(CIP)数据

Visual Basic 测绘程序设计/秦永乐主编.—2 版.—郑州:黄河水利出版社,2011.3 (2023.2 修订重印)

ISBN 978-7-80734-997-6

Ⅰ.①V… Ⅱ.①秦… Ⅲ.①Basic 语言 - 程序设计-高等学校:技术学校-教材 Ⅳ.①TP312

中国版本图书馆 CIP 数据核字(2011)第 024952 号

策划编辑:母建茹 电话:0371-66025355 E-mail:273261852@qq.com

出 版 社:黄河水利出版社 网址:www.yrcp.com

地址:河南省郑州市顺河路黄委会综合楼 14 层 邮政编码:450003

发行单位:黄河水利出版社

发行部电话:0371-66026940、66020550、66028024、66022620(传真)

E-mail:hhslcbs@126.com

承印单位:河南承创印务有限公司

开本:787 mm×1 092 mm 1/16

印张:14.75

字数:340 千字

版次:2005 年 8 月第 1 版 印次:2023 年 2 月第 5 次印刷

2011 年 3 月第 2 版

定价:42.00 元

教育部高等学校高职高专测绘类专业教学指导委员会
规划教材审定委员会

序

我国的高职高专教育经历了十余年的蓬勃发展，获得了长足的进步，如今已成为我国高等教育的重要组成部分，在国家的经济、社会和科技发展中发挥着积极的服务作用，测绘类专业的高职高专教育也是如此。为了加深高职高专教育自身的改革，并使其高质量地向前发展，教育部决定组建高职高专教育的各学科专业指导委员会。国家测绘局受教育部委托，负责组建和管理高职高专教育测绘类专业指导委员会，并将其设置为高等学校测绘学科教学指导委员会下的一个分委员会。第一届分委员会成立后的第一件事就是根据教育部的要求，研讨和制定了我国高职高专教育的测绘类专业设置，新设置的专业目录已上报教育部和国家测绘局。随后组织委员和有关专家按照新的专业设置制订了“十五”期间相应的教材规划。在广泛征集有关高职高专院校意见的基础上，确定了规划中各本教材的主编和参编院校及其编写者，并规定了完成日期。为了保证教材的学术水平和编写质量，教学指导分委员会还针对高职高专教材的特点制定了严格的教材编写、审查及出版的流程和规定，并将其纳入高等学校测绘学科教学指导委员会统一管理。

经过各相关院校编写教师们的努力，现在第一批规划教材正式出版发行，其他教材也将会陆续出版。这些规划教材鲜明地突出了高职高专教育中专业设置的职业性和教学内容的应用性，适应高职高专人才的职业需求，必定有别于高等教育的本科教材，希望在高职高专教育的测绘类专业教学中发挥很好的作用。

这里要特别指出，黄河水利出版社在获悉我们将出版一批规划教材后，为了支持和促进测绘类专业高职高专教育的发展，经与教学指导委员会协商，今后高职高专测绘类专业的全部规划教材都将由该社统一出版发行。这里谨向黄河水利出版社表示感谢。

由教学指导委员会按照新的专业目录，组织、规划和编写高职高专测绘类专业教材还是初次尝试，希望有测绘类专业的各高职高专院校能在教学中使用这些规划教材，并从中发现问题，提出建议，以便修改和完善。

高等学校测绘学科教学指导委员会主任

中国工程院院士

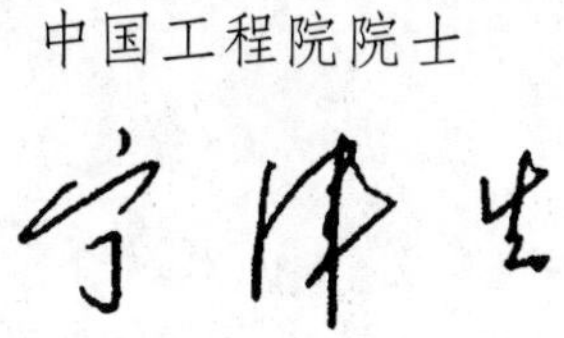

2005 年 7 月 10 日于武汉

再版前言

《Visual Basic 测绘程序设计》一书,初版已发行五年了,该书讲述了 Basic 语言基础、Visual 界面设计、测绘专业应用等方面的内容,介绍了 VB(含 VBA)在测绘专业上的一些应用技术与方法,填补了专业教科书的一项空白。计算机编程技术日新月异,VB.Net 发行了多个版本,.Net 内核 framework 也从 1.1 升级到 3.5,作为入门教科书,有必要亦步亦趋吗?我们持否定态度。

在广泛收集教者、学者的反馈信息后,编者并没有升级到 VB.Net,而依然以 Visual Basic 6.0 为蓝本,修正原书中的错漏,删除了实际应用较少的例子,增加了趣味性的例子,如"六连号"的案例的编程,增加了 Excel 中 VBA 应用的举例,因为这样的应用更有现实意义。鉴于.Net 编写移动设备上的应用更加方便,故决定去掉原 eVB 作 PDA 开发的附录,改将 MatrixVB 使用介绍作为附录,介绍其矩阵运算、图形显示等,这些与测绘专业应用结合更紧密。

编者任教本课程多年,总结提炼了教学本课的要点:"Basic 是一门语言,VB 是一个环境"。无论是教者还是学者,请领会这句话的概括意义。语言的元素包括数据类型、变量声明及运用、运算符和表达式、函数、数组、程序流程控制等,万变不离其宗;环境是一种集成的东西,既有 IDE 集成环境,又有窗体、对象(事件、属性、方法)等 Windows 元素,还有 OLE 集成的链接或嵌入对象,以及各种 COM、ActiveX 组件等。

编者依然坚持:不同语言的关键字、句法、语法不同,各有特点,语言本身没有优劣之分,而只有运用如何之别。正如人们讲话所用到的语言,任何一种人类语言,均能产生世界级的名著。

编者依然推崇:学习计算机语言的根本目的是更好地理解、运用专业应用程序,更自觉地遵守专业软件的数据格式约定,为其准备数据,利用专业软件顺利地完成专业数据处理任务。如果能自己编写一些小软件,以对数据进行一些加工,那也是不错的收获。

作　者

2010 年 12 月

目　录

《Visual Basic 测绘程序设计》学习指导

为什么学习 VB 语言,为什么选择 VB 语言?

对于测绘工作者来说,数据的后期处理是最重要的一个步骤,但是时代的发展渐渐淘汰了手工进行数据计算的方法,用程序运算来代替手工计算是勿庸置疑的,因此对于学生来说要从心理上理解学习程序语言的重要性,主动地学习。

现有的计算机语言有很多:汇编,C,C + +,Pascal,Basic,等等,为什么选择 VB 这种程序语言呢? 因为它现在在工程中广泛应用,以后接触的机会很多,并且这种语言注重人机交互,学习速度快,界面设计简单,功能强大。

如何学好 VB 程序语言?

我们的学生大都是没有一点程序语言概念的,而根据我们的学习习惯,大都不习惯在课前预习,读课本,而希望能够在课堂时间内掌握到足够的知识,这是不可能办到的。因此,要想学好这门语言,除了上课好好听讲,在课前进行预习也非常重要,课后要用实践来逐渐熟悉并掌握所学知识;尝试自己动手编制一些小程序是最好的学习方法,不动手是永远学不成的;尝试看看甚至修改别人的代码或帮助中的示例代码,慢慢就会起步。

学习 VB 的要点是什么?

“Basic 是一门语言,VB 是一个环境”。

语言部分、环境部分各有哪些知识点?

语言部分:

数据类型、变量和常量、函数、流程控制(循环、分支、选择)、功能模块及参数传递、数据文件访问等,数组是测绘数据处理中的重要内容。语言部分的知识具普适性:各种语言的表达方式都差不多,句法有别而已。

环境部分:

窗体及常用界面对象(按钮、文本框、标签、列表框、图片框、单选/复选框、菜单、型体等)、扩展对象、对象的三要素(事件、属性、方法)等。

应用重点部分:

数据文件的读、写,文本数据文件的格式等。

创建 VB 应用程序的主要步骤是什么?

(1)建立工程;

(2)设计应用程序界面,并设置属性;
(3)添加对象事件代码;
(4)编译生成应用程序. EXE 文件。

VB6 工程由哪些类型的模块组成?文件的后缀名各是什么?

VB6 工程的模块有:

- 窗体模块——. FRM;
- 标准模块——. BAS;
- 类模块——. CLS。

这些模块文件由工程文件(*. VBP)包含。

当某一 VB6 工程的一组代码文件给你时,你应从哪里开始阅读?

对于我们测绘专业学生来说,可能应用的是已有的代码并对代码进行部分修改,因此要知道从哪里开始阅读很重要。一组代码文件给你,首先从启动窗体或模块开始阅读(按 F8 键),主要从需要修改的某个控件的事件过程入手。

事件过程代码从变量定义、数据准备、功能实现、结果输出四大部分分类阅读并找到切入口。

如何使用 VB 的帮助文档?

VB 的帮助文档在 MSDN 中是中文的,如图 0-1 所示,可以到网上搜索并在线使用 MSDN。使用帮助文档有两种方式:

(1)通过"帮助"菜单;
(2)在代码或设计环境下,通过选中关键字或对象,按 F1 键搜索相应的帮助。

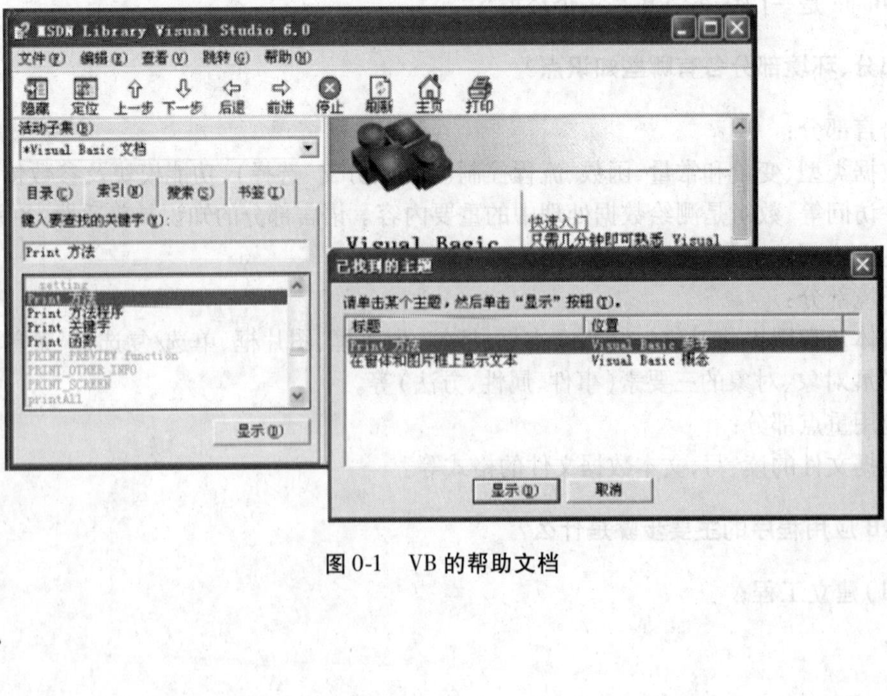

图 0-1 VB 的帮助文档

学 VB 学什么?

- 有哪些界面元素可供使用,各用于什么场合;
- 怎样设计、布局界面;
- 代码框架(包括事件代码框架和自定义过程、函数框架)是怎样的;
- 怎样在代码框架内填写代码,完成相应的功能。

对于测绘程序设计,最重要的是什么?

对于 VB 程序设计在测绘中的应用,我们重要学什么? 以我们初步接触计算机程序设计语言的同学来说,想通过这门课达到很高的编程水平是很难的,因此在这门课的学习过程当中,需要重点学习的是程序设计的思想、算法的基本概念,重中之重就是要学会如何应用已有程序、如何为已有的软件准备数据,因此需要大家掌握如何根据程序代码来格式化数据,或者根据数据格式修改程序代码。

第一章 Visual Basic 概述

本章将通过一个简单的实例，介绍 Visual Basic 的基本知识。你并不需要完全看懂本章的编程语句，而是要通过一个完整的编写过程，来了解 Visual Basic 集成开发环境，为今后的学习打下基础。

第一节 Basic 语言概述

计算机由硬件和软件组成。从硬件角度来看，它不就是一种电器嘛！但正是因为有了软件，它才变得神奇。计算机由操作系统来启动，并管理和控制其运转；然后操作系统加载不同的应用软件，软件的功能千变万化，于是乎，计算机就能做各种各样的事情。

软件由不同计算机语言编写，常说的计算机语言有汇编、C 及 C + + 、Pascal、FORTRAN、Basic 等，要达到某种目的，即让计算机为我们做某件事，可以用不同的语言来编写软件。不同语言的关键字、句法、语法不同，各有特点，语言本身没有优劣之分，而只有运用如何之别。正如人们讲话所用到的语言，任何一种人类语言，均能产生世界级的名著。

早期的 Basic 语言叫 BasicA，后来发展成 Quick Basic，中间还有 Turbo Basic、True Basic 等分支，再后来就是 Visual Basic，与其"搭界"的还有 VBA、VBScript 等，应用于不同的场合。至于 VB. Net，它是 Basic 最新发展方向，但内核变化很大，恐怕不能简单地看成是"升级"。Quick Basic、Visual Basic、VB. Net 均是微软公司的产品。据传，Windows 是由 Basic 语言写成的，不知你信不信？用比尔 · 盖茨的话说，能用 Basic 语言写任何程序。Basic 是计算机编程语言之一，全世界已有上百万使用 Basic 语言的程序员。

现在 Visual Basic 的版本为 6.0，是运行在 Windows 95 以上操作系统上的集成开发环境，编译生成 32 位 Windows 应用程序。为叙述方便，本书诸多地方将 Visual Basic 6.0 简称为 VB6。

第二节 VB6 IDE 窗口简介，并创建一个工程

1 启动 VB6 创建工程

当你在你的计算机上按默认方式安装了 Visual Basic 6.0 后，Windows 的开始菜单内就有"Microsoft Visual Basic 6.0 中文版"菜单组，选中其中的"Microsoft Visual Basic 6.0 中文版"菜单项，你就启动了 VB6。

VB6 启动时，默认弹出"新建工程"对话框，如图 1-1 所示。

当你选择"标准 EXE" 项，单击"打开"按钮，这时候看到的是 VB6 集成开发环境，称为 IDE，它集成了许多功能，如设计、编辑、编译和调试。如图 1-2 所示。

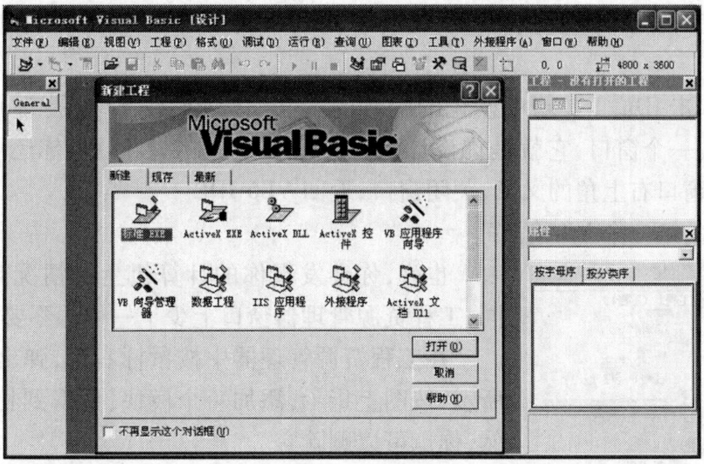

图 1-1 VB6 启动

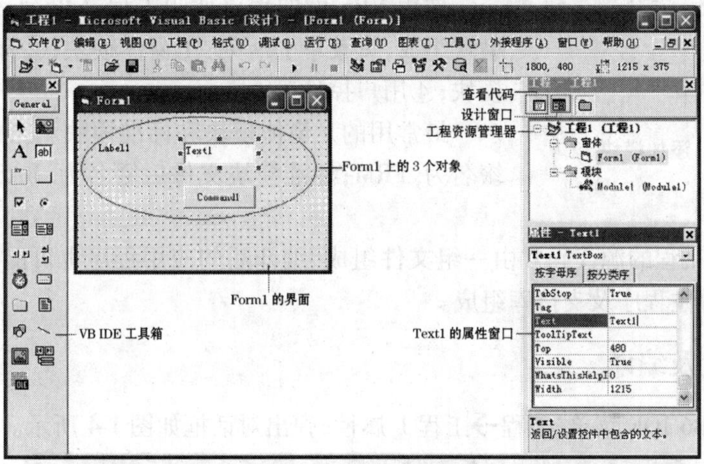

图 1-2 VB6 IDE 环境

2 界面简述

正如任何一个窗口,它有标题栏、菜单栏、工具栏等,特别地:

✓ 左边是 VB6 IDE 的工具箱,里面的各种图标是我们开发程序时经常用到的控件,默认出现的是标准控件,在其上按鼠标右键,弹出一个菜单,选择"部件..."，会出现一个对话框,其中列出很多可供选用的控件——控件工具箱的图标内容是可变的,可以根据你的需要定制。

✓ 中间是窗体编辑器,又称对象窗口,即 Form1 的界面,你的程序界面的大部分是在它上面进行设计的。

✓ 右上方是工程资源管理器,它列出的是你的工程中的所有模块,你可以对整个工程进行管理,如添加、删除、切换等操作。

✓ 右下方是对象的属性窗口,陈列着设计时当前对象的可编辑属性,你可以即时修改某个属性的值。

示例是将工具箱中A、abl、□三种控件各拖一个放在 Form1 界面上相应的位置上而得到的。

现在,请单击 IDE 工具箱中蓝色的向右的箭头图标(或按 F5 快捷键)即运行工程。感觉如何,出现一个窗口,它就是你设计的,而且在中间一个方框里,你还可以编辑字符呢! 点击你的窗口右上角的叉叉,关闭窗口,返回 VB6 IDE。

这就是你的第一个 VB6 程序。

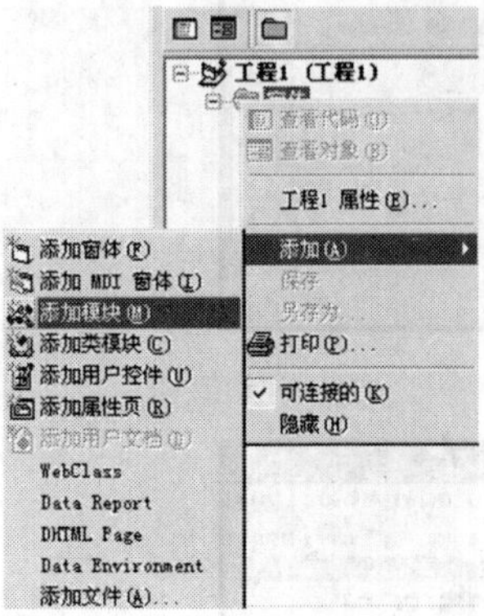

图 1-3　添加模块

也许,你会发现你的计算机上的情况与图上有点不同:工程资源管理器窗口上少了一块。不要紧,请操作:

在工程资源管理器中按鼠标右键,弹出菜单如图 1-3 所示,按图上指示,添加一个模块,便得到相同的结果;当然,你也可以删除它。

这里有几点要说明:

你用 VB6 做的程序就叫工程,VB6 工程通常由各种模块组成,见菜单上所列:①窗体模块;②标准模块;③类模块;④用户控件等。

最常用的是窗体模块和标准模块。窗体模块文件后缀名为. FRM;标准模块文件后缀名为. BAS;工程文件后缀名为. VBP。

一个应用工程的源代码常由一组文件组成,编译后的应用程序也可能由一些. EXE、. DLL、. OCX 等主程序及支持库组成。

3　工程设置及编译

请选择 VB6 IDE 菜单:工程→工程 1 属性,弹出对话框如图 1-4 所示。

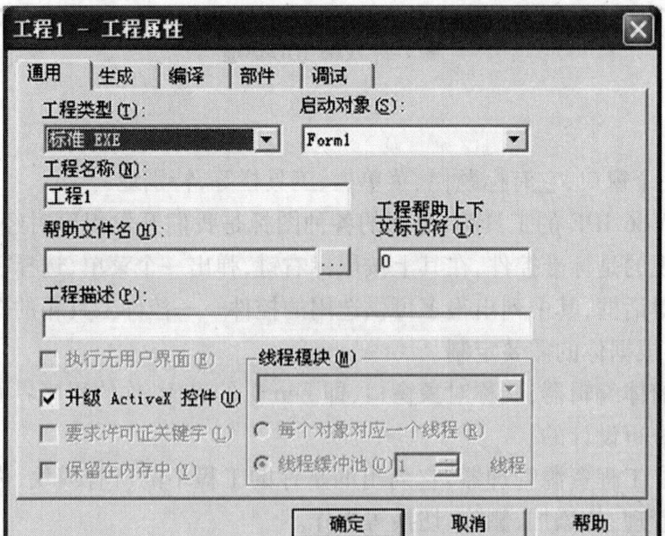

图 1-4　工程 1 属性对话框

这个对话框能对你的工程进行一些设置，你可以逐个查看或修改，示图中，请注意“启动对象”项目，它说明了你的应用从何处开始运行。

选择菜单：文件→保存工程项，系统进行一些提示，回答默认即可。

选择菜单：文件→生成“工程1.exe”项，VB6 IDE 提示生成文件存放位置及名称，输入后按“确定”按钮，则自动进行编译、连接等操作，默认地，生成“工程1.exe”。

至此，你的工程共有5个自己的文件：①Form1.frm；②Module1.bas；③工程1.vbp；④工程1.vbw；⑤工程1.exe。

这就是在 VB6 IDE 环境下创建并生成一个应用程序的全过程。“工程1.exe”是你的成果，它是编译后的二进制可执行代码，看不到源代码，这样能保护你的知识产权。

第三节　VB6 工程进阶：添加代码

刚才你亲自做了些什么？你仅仅是在 Form1 界面上拖放了3个控件，这些属于界面设计的范畴，今后你会逐步学习控件工具箱上的各个控件，以设计各式各样的界面来满足不同的需要。下面，你该进一步啦：添加代码。

1　Main

在工程资源管理器中选中 Module1，双击，打开 Module1 的代码窗口，在其中输入：

```
Public Sub Main()
    Form1.Show
End Sub
```

修改工程属性的启动对象为“Sub Main”；按 F5 键运行该工程，看看结果如何？

一般地，VB6 工程由标准模块和窗体模块组成。标准模块（文件扩展名为 .BAS）是应用程序内其他模块访问的过程和声明的容器。它们可以包含变量、常数、类型、外部过程和全局过程的全局声明或模块级声明等，这些内容你将逐步学习；外加一个 Sub Main()，称为主过程。

如果你指定工程的启动对象为 Sub Main()，意思就是你的工程从 Sub Main()的第一句开始执行。示例的 Form1.Show 为仅有的一句，意思是将你设计的界面 Form1 显示出来，正同你执行的结果一模一样。

到底是用 Main()来启动还是用 Form1 来启动，取决于你的需要。一般地，要在 Form1 启动前做一些初始化工作，就会选用 Main()启动，然后在 Main()中包含 Form1.Show 方法的调用。本例 Main()中仅有一句，用谁来启动都是一样的效果。

2　VB 内置消息框：MsgBox 和 InputBox

上述 Main()中显示的是你自己的窗口，其实 VB6 中内置了消息框 MsgBox 和 InputBox，是我们经常要用到的函数。请你将上面 Main()改为：

```
Public Sub Main()
    MsgBox"后面要显示 Form1", vbInformation, "提示"
    Form1. Show 1
    MsgBox "Form1 刚才关闭", vbExclamation, "退出"
End Sub
```

例子中,需要给 MsgBox 函数提供三条信息,或三个参数:消息文本、决定对话框类型的样式常数和标题。样式常数可以使消息框显示不同按钮和图标的组合,以便用于不同的场合。运行工程首先显示第一个消息框"后面要显示 Form1",按"确定"后,接着显示你的 Form1,关闭 Form1 后,则显示第二个消息框"Form1 刚才关闭"。

该函数常用于在运行时给用户提示一定的信息。如图 1-5 所示。

图 1-5 MsgBox

请你将上面 Main()改为:

```
Public Sub Main()
     i = InputBox("请输入一些字符:", "输", "abc123")
     MsgBox "你刚才输入的是:" & i, vbInformation, "提示"
End Sub
```

需要给 InputBox 函数提供至少一个参数,例子中给三个参数:消息文本、标题和默认输入内容。如果用户单击"确定"或按下 Enter,则 InputBox 函数返回输入框中的内容给 i。如果用户单击"取消",则此函数返回一个长度为零的字符串("")。

该函数常用于在运行时让用户输入一定的信息。如图 1-6 所示。

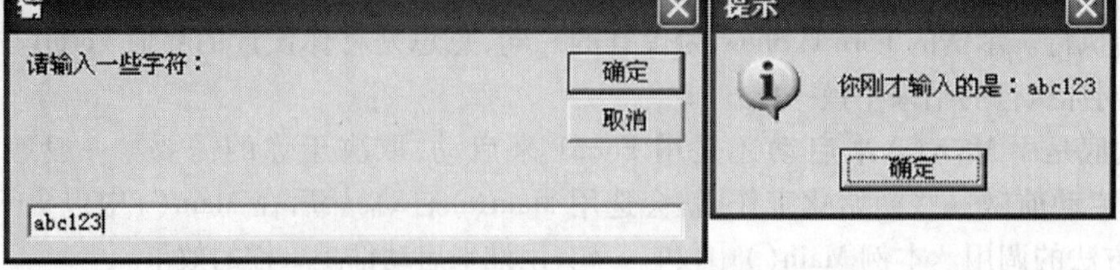

图 1-6 InputBox 和 MsgBox

3 Form1_Load()

上述 Main()中 Form1. Show 或将工程的启动对象设为 Form1 都可显示 Form1,那

Form1 又是怎样执行的呢?

VB6 是 Windows 开发语言,用它开发的应用程序与 Windows 环境保持一致性:你的 Form1 就是窗口(Window)。VB6 按 Windows 的工作方式,为我们做了很多事情,有关细节留待以后学习,让我们先来看看 Form1_Load()。

在工程资源管理器中选中 Form1,单击上面的“查看代码”图标,出现代码编辑窗口,在代码编辑窗口上面有两个可供选择的列表框,左边的叫“对象列表框”,右边的叫“过程(事件)列表框”,按图 1-7 选择并输入代码。注意:Private Sub…End Sub 所在语句是 IDE 自动加入的,MsgBox 所在语句是你输入的。然后,选中 Command1 对象及 Click 事件,在 Private Sub Command1_Click()…End Sub 间输入语句:Unload Me。

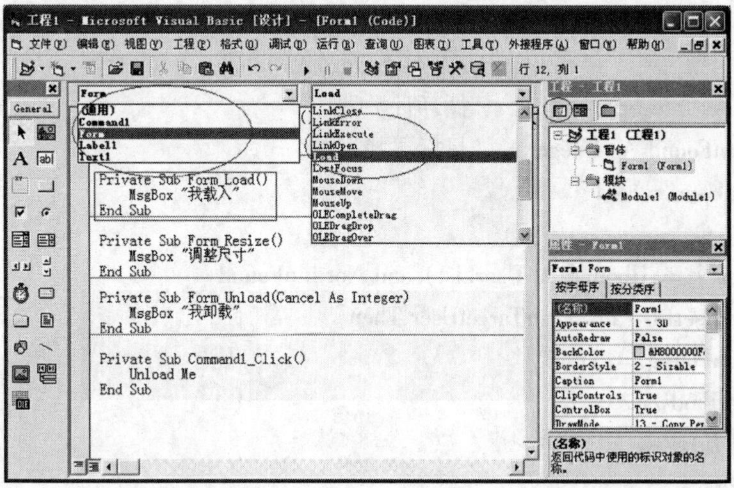

图 1-7　Form1 代码编辑

顾及标准模块中 Main()及工程属性中的启动对象设置,当你运行工程时,从各消息框的显示顺序,你可以想象到 Form1 的加载过程;当你关闭 Form1 或按 Command1 后,你还可以从消息框的出现,体会 Form1 的卸载过程。

可以看出,Form1 加载过程中要调用 Form1_Load,其卸载过程中要调用 Form1_Unload,据此,我们可以将加载和卸载时要处理的代码写入这两个“架子”中。

4　格式化代码

良好的代码格式能够清晰地反映代码的逻辑结构和嵌套关系,方便阅读或调试。编写代码时,请注意下面列出的几点:

- ✓ 用制表位(Tab 键)缩进,每一个层次缩进四个空格(缺省情况下);层次问题与编程内容或语句有关。一个功能内容就是一个语句块,属于一个层次,并列的功能块在一个层次上;VB6 中很多语句是成对出现的,好像括号、引号上下成对,一个语句对间的内容缩进一个层次。
- ✓ 过程的功能综述、重要语句、重要变量请加简单注释,注释用’表示;简短扼要的注释,能显著增加程序的可读性。

✓ 定制 IDE 环境，不同的代码数据类型用不同的颜色表示。

下面是 MSDN 中推荐的格式代码示例：

```
'************************************
'目的：  在用户列表数组中找出一个指定用户的第一次出现位置。
'输入：  strUserList()：   被搜索的用户列表。
'        strTargetUser：   要搜索的用户名。
'返回：  在 strUserList 数组中 strTargetUser 的第一次出现的索引。
'        如果目标用户没找到，返回 -1。
'************************************
Function intFindUser (strUserList() As String, _
                      strTargetUser As String) As Integer
  Dim i As Integer              '循环计数器。
  Dim blnFound As Integer       '目标寻找标志。
  intFindUser = -1
  i = 0
  While i <= Ubound(strUserList) and Not blnFound
    If strUserList(i) = strTargetUser Then
      blnFound = True
      intFindUser = i
    End If
  Wend
End Function
```

第四节 学 VB 学什么

计算机编程语言的发展变化，与计算机硬件技术的提高、程序设计思想的更新，以及操作系统技术的发展密切相关。当操作系统由 DOS 发展到 16 位 Windows 3.1 再到 32 位 Windows 9x 以上，作为 Basic 语言，由 BasicA 发展到 Quick Basic 再到 Visual Basic，其内核在继承和逐步发展。VB 沿用 QB 基本语法和函数，局部模块化、结构化，同时又依托 Windows 图形设计界面 GUI，发展了 Visual 即可视设计部分，以及事件驱动编程方法，我们学习它，要注意以下几个方面：

➢ Quick Basic 基本语法和全局函数；

➢ 模块与结构化程序设计；

➢ Visual 的界面设计及常用控件对象的使用；

➢ 对象的事件、属性和方法三要素；

➢ 常见测绘专业代码的设计与使用；

➢ 专业程序的数据准备及专业程序的使用。

学 VB,最重要的是要将 Visual 的界面对象与 Quick 的代码结合起来,具体来说就是:

➢ 有哪些界面元素可供使用,各用于什么场合;

➢ 怎样设计、布局界面;

➢ 代码框架是怎样的:事件代码框架和自定义的过程、函数框架;

➢ 在代码框架内填写代码,完成相应的功能。

说"Basic 是一门语言,VB 是一个环境",类比于"Pascal 是一门语言,DelPhi 是一个环境",说明学习任何语言,都要注意语言和环境两个方面;"纯的语言",等同于"空的环境",都不能孤立存在。

语言部分的知识点包括:数据类型、变量和常量、函数、流程控制(循环、分支、选择)、功能模块及参数传递、数据文件访问等,数组是测绘数据处理中的重要内容,数据文件的读、写,文本数据文件的格式处理等都非常重要。语言部分的知识具普适性:各种语言的基本要素部分的表达方式都差不多,句法有别而已。当然,真正面向对象的设计语言如 C++的类、继承、多态等语言要素更为复杂。

环境部分的知识点包括:窗体及常用界面对象(按钮、文本框、标签、列表框、图片框、单选/复选框、菜单、型体等)、扩展对象、对象的三要素(事件、属性、方法)等。Windows 界面基本控件大同小异,不同的编程语言,基于"事件触发"的机制相同,而事件、属性、方法的表达方式有些不同罢了。VB 的环境还包括 OLE 核心,能将各种"环境"连接或嵌入进来,该内容不在本书讨论之列。

简要总结:

VB6 是 Windows 下的编程开发语言及集成工具,其工程一般由窗体模块和标准模块构成,可以由 Main()启动,也可以由 Form 启动,Form 启动时要加载 Load 等事件。

创建 Visual Basic 应用程序有四个主要步骤:

(1)建立工程;

(2)设计应用程序界面 Form,并设置对象属性;

(3)编写对象事件代码;

(4)编译生成应用程序.EXE。

利用 VB6 IDE 环境进行应用软件开发,有很多人性化的东西,如界面设计时对象的窗体设计器,代码编辑时的智能提示、代码层次及分色显示等,为我们的开发工作带来极大的方便。

练 习 题

1-1 VB 是什么操作系统下的开发语言,能移植到其他操作系统吗?其编译的应用程序是多少位的?

1-2 什么是 VB6 IDE?其界面上有哪些主要要素?

1-3 VB6 工程由哪些类型的模块组成?文件后缀名各是什么?

1-4 内置消息框 MsgBox 有几个参数?各是什么意义?内置消息框有何作用?

1-5 创建一个 VB6 工程的操作步骤有哪些？

1-6 Form1 的界面设计窗口与代码编辑窗口的切换是怎样操作的？

1-7 某一示例工程的一组文件给你，你从哪里开始阅读？

1-8 “Basic 是一门语言，VB 是一个环境”，这句话对学习本课程的指导意义是什么？

第二章 Visual Basic 的语言基础

在 VB 中,利用“窗体”和“控件”建立起应用程序界面后,要实现所指定的运算或操作功能,就必须编写相应的程序代码,代码对用户事件和系统事件做出响应以执行某种特定的任务。

在前面的章节中,介绍了 VB 编程环境和建立应用程序的方法、步骤及几种基本控件的使用,并介绍了简单程序的编写,但要编写实用的应用程序,还需要进一步掌握 Visual Basic 程序设计语言。语言的基本要素包括:数据类型、变量和常量、数组、运算符和表达式、函数、流程控制(循环、分支、选择)、功能模块及参数传递、数据文件访问等。

按“Basic 是一门语言,VB 是一个环境”的观点,本章主要介绍“语言”要素部分,包括数据类型、变量声明及运用、运算符和表达式、数组、程序流程控制等语言基础知识。

第一节 数据类型

数据是计算机程序处理的对象,也是运算产生的结果。在程序设计中,为求解各类数值或非数值问题,需采用各种不同的数据类型。VB 系统本身不仅提供了丰富的标准数据类型,同时也可使用用户自己定义的数据类型。

1 标准数据类型

VB 所提供的标准数据类型有:数值型、逻辑型(布尔型)、日期型、字符型、可变型、对象型等几种。表 2-1 列出了 VB 中定义的全部标准数据类型。

表 2-1 Visual Basic 6.0 的标准数据类型

数据类型	关键字	类型符	占用字节	取值范围
字节型	Byte		1	0 ~ 255
整型	Integer	%	2	-32768 ~ +32767,小数部分四舍五入
长整型	Long	&	4	-2147483648 ~ 2147483647,小数部分四舍五入
单精度浮点型	Single	!	4	±1.40E-45 ~ ±3.40E38
双精度浮点型	Double	#	8	±4.94D-324 ~ ±1.80D308
货币型	Currency	@	8	-922337203685477.5805 ~ 922337203685477.5807
字符型	String	$	不确定	定长 0 ~ 65535 个字符,变长 0 ~ $2^{31}-1$ 个字符
布尔型	Boolean		2	True 和 False
日期型	Date		8	日期从 100 年 1 月 1 日到 9999 年 12 月 31 日,时间从 00:00:00 到 23:59:59
可变型	Variant		待分配	
对象型	Object		4	任何对象的引用

程序编译和运行过程中,不同的数据类型,所占的存储空间不一样,选择使用合适的数据类型,可以优化代码的运行速度和大小。另外,数据类型不同,对其处理的方法也不同,这需要进行数据类型的说明或定义。只有相同的(相容)类型的数据之间才能进行操作,否则就会出现错误。

1.1 数值型(Numeric)数据

数值型数据可分为两大类:整型和实型。

1.1.1 整型(Integer)

整型表示的就是整数,表示不带小数点和指数符号的数。整数运算速度快、精确,但表示数的范围小。在 For…Next 循环内作为计数器变量使用时,整型尤为有用。在计算机内用两个字节来存储的整数,其取值范围为 -32768 ~ +32767。

1.1.2 长整型(Long)

在计算机内用4个字节来存储的整数,其取值范围为 -2147483648 ~ +2147483647。长整型的数字组成与整型相同,正号可以省略。

1.1.3 字节型(Byte)

字节型表示无符号的整数,在计算机内用1个字节表示,其取值范围为0~255。因为 Byte 是0~255的无符号类型,所以不能表示负数。

在 VB 中也可以用八进制和十六进制表示整数。为了与十进制有所区别,八进制数必须在其数字前冠以符号"&"或者"&O";十六进制必须在其数字之前冠以符号"&H"。而且,在用八进制和十六进制表示长整型数据时,必须在数字结尾加以符号"&"。例如:&147、&147& 分别是八进制整型数和八进制长整型数;&H147、&H825F& 分别是十六进制整型数和十六进制长整型数。

1.1.4 单精度型(Single)

单精度型数是在计算机中用4个字节来表示的实数,其取值范围和占用字节数如表2-1所示,可表示最多有7位有效数字的数。当要赋给单精度变量的数的有效数字超过7位时,超出部分会自动四舍五入。如果该数的整数部分超过7位,该数将用科学记数法表示,即以10的整数次幂表示,以"E"来表示底数10。例如 -3.5×10^{5}、110.0×10^{-6}、1.234×10^{12}、0.00078×10^{-22} 分别表示为:

```
-3.5E5      110.0E-6      1.234E12      0.00078E-22
```

1.1.5 双精度型(Double)

双精度型数是在计算机中用8个字节来表示的实数,其取值范围如表2-1所示,可表示最多有15位有效数字的数。当赋给双精度变量的数的有效数字超过15位时,处理方法与单精度数相似,超出部分会自动四舍五入。需要注意:双精度实数科学记数法与单精度有所不同,尾数与指数之间用D或者d来间隔,例如:

```
-3.1415926D15      110.12345678D-15      123456789D+10
```

1.1.6 货币型(Currency)

货币型是一种特殊的实数,它是专为处理货币而设计的数据类型。它采用定点表示形式,在计算机中一般用8个字节来表示,小数点的右边保留4位,小数点左边最多可以达到15位,其取值范围如表2-1所示。

在进行数据类型设计时应注意:

(1)如果数据包含小数,则应使用Single、Double或Currency型。

(2)在VB中,数值型数据都有一个有效的范围,程序中的数如果超出规定的范围会出现"溢出"信息(Overflow)。如果小于范围的下限值,系统将按"0"处理;如果大于上限值,则系统只按上限值处理,并显示出错信息。

(3)一般情况下VB使用十进制数计数,但有时也使用十六进制或八进制数表示,表示时它们与十进制是等价的。

(4)所有的数值变量都可以相互赋值。在将浮点数赋给整数之前,VB要将浮点数的小数部分四舍五入,而不是将小数部分去掉。

1.2 字符型(String)数据

字符型数据是指一切可打印的字符和字符串,是用双引号括起来的一串字符组合。在双引号内的字符可以是字母、各种符号和汉字。VB中,字符串分为两种类型:定长字符串和变长字符串。

1.2.1 定长字符串

即事先定义字符串的长度(即字符串内所含字符的个数),并且在程序运行过程中,始终保持其长度不变。例如,下列语句声明一个长度为20个字符的定长字符串变量:

```
Dim PointName As String * 20
PointName = "Point_ KMYZ"
```

如果赋予的字符串的字符少于20个,则用空格将PointName的不足部分添满;如果赋予的字符串的字符大于20个,则截去超出部分的字符。

1.2.2 变长字符串

即字符串的长度不固定,随着对字符串变量的赋值,它的长度可以发生变化。按照缺省规定,一个字符串如果没有定义成固定长度,都属于变长字符串。例如,下列语句声明了变长字符串变量:

```
Dim PointName As String
PointName = "Point_ KMYZ"
```

字符串变量PointName的长度为4。

1.3 布尔型(Boolean)数据

布尔型数据就是逻辑型数据,它只有两个值:True(真)和False(假)。逻辑型数据在计算机内用两个字节保存。

当把数值型数据转换为Boolean型时,0转换为False,非0的数据转换为True;当把Boolean值转换为数值型时,False为0,True为-1。

1.4 日期型(Date)数据

日期型数据用来表示日期和时间,可以表示多种格式的日期和时间。日期型数据在计算机中一般用8个字节的浮点数来表示,其取值范围为:日期从100年1月1日到9999

年 12 月 31 日,时间从 00:00:00 到 23:59:59。

1.5 变体型(Variant)数据

变体型数据是一种特殊的数据类型,也称为可变型数据。一个变体型的变量能够存储所有系统的数据,可以随着为它所赋的值的类型而改变自身类型。系统默认的数据类型是变体型。变体型数据有三个特殊的值,分别为:

(1)Empty:还没有为变量赋值。它不同于数值 0、长度为 0 的字符“”和空值 Null。

(2)Null:通常用于数据库应用程序,表示未知数据或者丢失的数据。

(3)Error:是特定值,指出已发生的过程中的错误状态。

在 VB. Net 中,不再支持变体型数据,请读者参阅相关的书籍。

1.6 对象型(Object)数据

对象型数据用来表示应用程序中或某些其他应用程序中的对象。可以用 Set 语句指定一个被声明为 Object 的变量去引用应用程序所识别的任何实际对象。例如:

```
Dim objDb As Object
Set objDb = OpenDatabase("C:\VB6\Biblio. mdb")
```

声明对象变量时,应使用特定的类,而不用一般的 Object(例如用 TextBox,而不用 Control,如上面的例子,用 Database 取代 Object)。运行应用程序之前,VB 可以决定引用特定类型对象的属性和方法。因此,应用程序在运行时速度会更快。

2 自定义数据类型

自定义数据类型是由用户自己定义的数据类型,它由若干个标准数据类型组成。自定义数据类型也称记录数据类型。自定义数据类型通过 Type 语句来实现。

定义语句格式为:

```
[Private|Public] Type 类型名
    元素名 As 数据类型
    元素名 As 数据类型
    …
End Type
```

说明:Private、Public 是两个可选项,它们表示自定义的数据类型的作用范围。变量的作用范围将在后续的章节中讲述。

下面的例子声明了一个自定义数据类型:

```
Public Type Student
    Name As String
    Birth As Date
    Age As Integer
End Type
```

上例定义了一个名为 Student 的数据类型,该类型有三个元素 Name、Birth 和 Age,它们分别为字符型、日期型和整型。定义了 Student 类型之后，就可以定义该类型的变量。

需要注意的是，在 VB. Net 中，将结构和用户自定义类型视为相同的编程元素类型，不再支持 Visual Basic 6.0 中使用 Type 语句来自定义数据类型，必须使用 Structure 语句来声明结构。具体使用方法请读者参阅 VB. Net 的相关书籍。

第二节　变量与常量

在程序运行的过程中，有些值是固定不变的，有些值是可以发生改变的。例如：自由落体运动高度与时间的关系 $h = gt^2/2$，g 是重力加速度，近似等于 9.8 m/s^2，t 是时间，是不断变化的。用符号代替的公式总比直接的数据表示简洁些，这样的符号就是变量和常量。

1　变量

变量是一个基础且重要的概念，在程序设计中会大量使用变量。所谓变量，也就是说它的内容可变，变量实际上是用来存储和引用存储在计算机内存中的各种数据的符号。

一个变量在一个时刻只能存放一个值。如果某一个变量在程序运行中数据发生变化，则现行值将取代原来的数据。变量有两个特性：名字和数据类型。变量的名字用于在程序中标识变量和使用变量的值，数据类型则确定变量中能保存哪种数据。在 VB 中，变量有两种形式：属性变量和内存变量。变量一般要先声明，后使用。

在窗体中设计用户界面时，VB 会自动为产生的对象（包括窗体本身）创建一组变量，即为属性变量，并为每一个变量设置其默认值。这类变量可供程序设计人员直接使用，如引用其值或赋予新值。

属性变量是 VB 系统自动创建的，而内存变量则要由程序设计人员根据应用程序的需要创建，因此必须掌握内存变量的创建方法。

1.1　变量的命名规则

在 VB 中变量的命名要遵循的规则：

（1）变量名的最大长度为 255 个字符。

（2）变量名的首字符必须为字母或汉字，不能以数字或下划线开头。

（3）变量名一般由字母、数字、汉字和下划线组成，不得含有 +、-、*、/、$、&、%、!、#、?、小数点或逗号等字符。

（4）变量名在同一个范围内必须是唯一的。

（5）变量名不得与 VB 中的关键字重名。VB 的关键字是指 VB 系统中已经定义的词，如语句、函数、运算符。如 If、Sin、End 等。

在为变量命名时应注意：

（1）取名时最好使用有明确实际意义和容易记忆以及通用的变量名，即要见名知义。例如：可用 X 代表纵坐标，Y 代表横坐标，H 代表高程，DX 和 DY 代表坐标增量，Dh 代表高差等。

（2）尽可能简单明了，尽量不要使变量名太长。

(3)变量名不能与过程名和符号常量名相同。

(4)尽量采用 VB 建议的变量名前缀和后缀的约定来命名,以便区分变量的类型,如 intMax、strName。

1.2 变量的声明

1.2.1 显式声明变量

所谓声明变量,就是用一个语句来定义变量的类型,又称显式声明。声明变量的语句并不把值分配给变量,只是告知变量将会包含的数据;只有变量赋值后,它们才占据存储空间。

格式如下:

[Public|Dim|Static|Private] 变量名 As 数据类型[,变量名 As 数据类型…]

或者:

[Public|Dim|Static|Private] 变量名 <类型符>[,变量名 <类型符>…]

例如:

```
Dim X As Single,Y As Single
Dim H!
Dim st As Student          '自定义数据类型
```

语句声明了两个单精度变量 X 和 Y,声明了一个变量 H,类型为单精度型,st 为上面的自定义数据类型,有 st. Name、st. Birth、st. Age 三个元素。

使用声明语句建立一个变量后,VB 自动将数值类型的变量赋初值 0,将字符变量赋空串,将布尔型的变量赋 False。

VB6 中变量的初值要用单独的语句赋予,如 H = 24,但在 VB. Net 中,可以将变量声明与赋值在一句中完成,如 Dim H as Integer = 24,好像很简洁,本质是一样的。

1.2.2 强制显式声明变量

声明变量可以有效地降低错误率,可以避免因为写错变量名的麻烦。可以规定在使用变量之前,必须先用声明语句进行声明,否则 VB 将发出警告"Variable not defined"。要强制显式声明变量,可以在类模块、窗体模块或标准模块的声明段中加入下面的语句:

```
Option Explicit
```

或从"工具"菜单选择执行"选项"命令,在打开的"选项"对话框中单击"编辑器"选项卡,再复选"要求变量声明"选项,能达到同样的效果。如图 2-1 所示。

Option Explicit 语句的作用范围仅限于语句所在的模块。对于每一个需要强制显式变量声明的窗体模块、标准模块和类模块,必须将 Option Explicit 语句编写在这些模块的声明段中。如果选择"要求变量声明",VB 会在后续的窗体模块、标准模块和类模块中自动插入 Option Explicit,这一语句总是显示在代码编辑窗口的顶部,如图 2-2 所示。

1.2.3 隐式声明变量

VB 提供 Option Explicit 语句,强制显式声明变量。但 Basic 的历史造成不少使用者的习惯,不声明变量,前提是他能保证变量的正确拼写和使用!

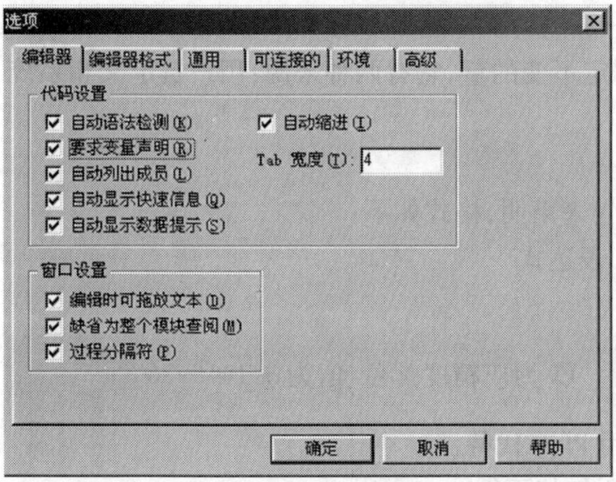

图 2-1 “选项”对话框中的“编辑器”选项卡

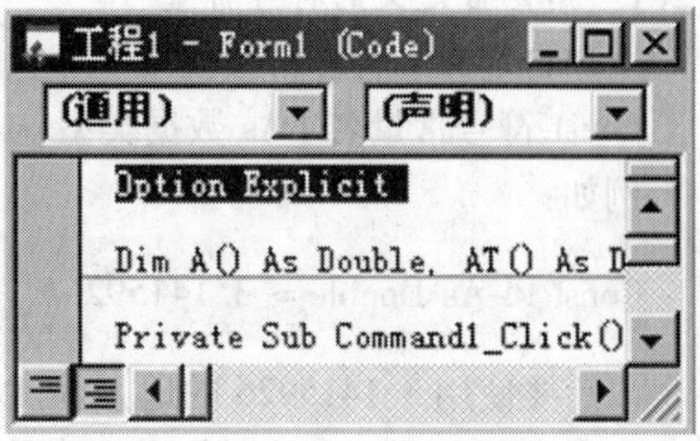

图 2-2 代码编辑窗口

我们不推荐不声明变量就使用它,但有时过多的声明确实有点烦。那好,你可以使用隐式声明,即在第一次使用变量时,在变量名后加上类型修饰符,这些修饰符是:%、&、!、#、$,它们本身不是变量名的部分,仅代表变量的数据类型,后续的使用中,可不必再加上它们了。

2 常量

常量是指在程序运行过程中始终保持不变的常数、字符串等。在代码设计中,可以将某些难以记忆或没有明显意义的数值定义为常量。在这些情况下,使用常量极大地提高代码的可读数和易维护性。如可把圆周率 $\pi = 3.1415926$ 定义为常量 PI。在 VB 中,常量有两种:直接常量和符号常量。

2.1 直接常量

根据使用的数据类型,直接常量可以分为数值常量、字符串常量、逻辑常量和日期常量等。

2.1.1 数值常量

数值常量就是数学中的常数,有整型、长整型、浮点型和字节型等几种类型。例如:0、-7.368、&369,45E-6 等都是数值常量。

2.1.2 字符串常量

字符串常量就是用双引号括起来的一串字符序列。例如:“Survey and Mapping”、“你好,VB 语言”等都是字符串常量。如果一个字符串仅有一对双引号,则称该字符串为空字符串。

2.1.3 逻辑常量

逻辑常量只有两个值:True(真)和 False(假)。

2.1.4 日期常量

日期常量用于表示某一具体的日期和时间。可以有多种表示形式,但必须把日期和时间用符号#括起来。例如:#2004/3#、#May 5,2004#、#04-5-5 15:12:40#等都是日期常量。

2.2 符号常量

符号常量是用一个符号来表示一个固定不变的量,它有两种来源:用户自定义和系统内部定义。

2.2.1 用户自定义的符号常量

用户自定义的符号常量使用 Const 语句来声明,格式如下:

Const 符号常量名 [As 数据类型] = 表达式

例如:

```
Const PI As Double = 3.1415926#        'PI 为双精度常量,值为 3.1415926
```

以后要使用 3.1415926 的地方,可以用 PI 来代替。

VB6 中可以写上面的语句,但下面的语句却不行:

```
Dim vv As Double = 3.1415926#        'VB6 中错误的
```

VB.Net 中已经可以写上面的语句了,就是变量声明与赋初值写在一句中,显得简练些而已。

常量名命名规则与建立变量名的规则一样。为创建在整个应用程序中有效的常量,应在标准模块声明段进行声明,并在 Const 前置放 Public 关键字。

2.2.2 系统内部定义的符号常量

系统内部定义的符号常量是 VB 和控件提供的。这些常量可与应用程序的对象、方法和属性一起使用,并可以在代码中直接使用。在"对象浏览器"窗口可以查到它们。例如如下事件过程:

```
Private Sub Form_Click()    '单击窗体将窗口最大化
    Form1.WindowState = vbMaximized
End Sub

Private Sub Form_DblClick()    '双击窗体将窗口最小化
    Form1.WindowState = vbMinimized
End Sub
```

过程中的 vbMaximized 和 vbMinimized 就是系统内部定义的符号常量。系统内部定义的符号常量大多以枚举的方式使用。

第三节　运算符和表达式

VB 具有算术运算符、关系运算符和逻辑运算符,用来形成各种表达式,实现各种运算。

1 运算符

1.1 算术运算符

VB 提供的算术运算符如表 2-2 所示。

表 2-2 算术运算符

运算符	含义	举例	说明	优先级
+	加	9+2,结果等于 11		6
-	减	8.5-3,结果等于 5.5		6
-	取负	-9,结果等于 -9	进行单目运算,9 取负	2
*	乘	4*8,结果等于 32		3
/	除	9/2,结果等于 4.5		3
\	整除	9\2,结果等于 4	整除结果取商的整数部分	4
Mod	取余	9 Mod 2,结果等于 1	结果是两个数相除之余	5
^	指数	9^2,结果等于 81	进行乘方运算,9^2 是 9^2	1

利用算术运算符可进行简单算术运算,运算对象是数值型数据。其中,+(加)、-(减)、*(乘)、/(除)和-(取负)与数学中的运算规则相同,但是要注意,在表达式中乘号(*)不能省略,且注意它的写法。如:求圆周长的公式必须写为 2*3.14*r 的形式,而不能将其中的乘号省略。

VB 中还有两种特殊的除法运算:\(整除)和 Mod(取余)。整除运算就是对两数进行除法运算后取商的整数部分。取余运算就是对两数进行除法运算后取商的余数部分。若参与运算的两个数都是整数,则可直接进行运算。若参与运算的两个数中有实数,则先将实数的小数部分进行四舍五入,再进行运算。例如:6.8\3 的结果为 2,6.8 Mod 3 的结果为 1。

1.2 关系运算符

关系运算符又称比较运算符。关系运算是对两个数据进行比较,运算的结果是逻辑(Boolean)型的值。当关系成立时,结果为 True;当关系不成立时,结果为 False。

VB 中的关系运算符如表 2-3 所示。其中,前六个运算符较为常用,它们的运算对象是数值型数据或字符型数据。若参与运算的两个数据都是数值型数据,则按照数值的大小来比较。若参与运算的两个数据都是字符型数据,则按照字符的 ASCII 码值的大小从左到右逐个字符进行比较,直到碰到第一个不相同的字符为止。ASCII 码值大的字符串大。例如:"abxd" < "abcd"的结果为 False。

Like 运算符用于字符串的模糊比较,可以与通配符"*"、"?"、"#"等结合使用。"*"可匹配多个任意字符,"?"可匹配单个任意字符,"#"可匹配单个数字字符。

Is 运算符用于比较两个对象的引用变量。

1.3 逻辑运算符

用逻辑运算符将关系表达式或逻辑量连接起来的式子就是逻辑表达式,也称为布尔表达式。逻辑运算符是对操作数进行逻辑运算,运行的结果为逻辑型数据。当逻辑关系

表 2-3　关系运算符

运算符	含义	举例	返回值
=	等于	"ABC" = "ABF"	False
>	大于	"ABC" > "AF"	False
> =	大于等于	"f" > = "Fgh"	True
<	小于	25 < 45.5	True
< =	小于等于	23 < = 23	True
< >	不等于	"XYZ" < > "xyz"	True
Like	使用通配符匹配比较	"WXYZ"Like"＊X＊"	True
Is	引用对象比较	object1 Is object2	由对象引用的当前值确定

成立时，运算结果为 True；当逻辑关系不成立时，运算结果为 False。VB 提供的逻辑运算符如表 2-4 所示。

表 2-4　逻辑运算符

运算符	含义	举例	返回值
Not	逻辑非	Not("a" > "b")	"a" > "b"为假，再进行取反运算，所以结果为真
And	逻辑与	(5 > =3) And (4 < >5)	两个表达式的值都为真，结果为真
Or	逻辑或	("x" > "y") Or (4 < >5)	两个表达式的值一真一假，结果为真
Xor	逻辑异或	(8 =7) Xor (10 >7)	两个表达式的值一真一假，结果为真
Eqv	逻辑等于	(12 >8) Eqv ("c" > "d")	两个表达式的值一真一假，结果为假
Imp	逻辑蕴含	(10 =10) Imp (12 >22)	第一个表达式的值为真，第二个表达式的值为假，结果为假

Xor 是将两个表达式进行"异或"运算，只有两个表达式的值为一真一假时，结果才为真，如果两个表达式的值同时为真或同时为假，结果为假。

进行 Eqv 运算时，两个表达式的值为一真一假时，结果为假，只有两个表达式的值同时为真或同时为假，结果才为真。

Imp 是逻辑蕴含，进行这种运算时，当且仅当参与运算的两个操作数中，第一个操作数为 True，第二个操作数为 False 时，运算结果为 False；否则，运算结果为 True。例如(2 <3)Imp(2 =2)、(2 >3)Imp(2 = 2)和(2 > 3)Imp(2 < >2)的运算结果均为 True，(2 <3)Imp(2 < >2)的运算结果为 False。

1.4　字符串运算符

字符串运算符包含" + "和"&"两个运算符，它们的作用是将两个操作数连接起来，成为一个字符串，操作对象可以是字符型、数值型和可变型数据。

其中" + "是直接将两个字符串从左到右原样连接，生成一个新的字符串。参与运算的两个数据必须是字符型数据。例如"This is a" + "book."的运算结果为一个新的字符串“This is a book.”。

“&”是将参与运算的两个数据强制地按字符串类型连接在一起,生成一个新的字符串。参与运算的两个数据可以是字符型、数值型和可变型数据。例如:“Visual Basic”& 6.0 的运算结果为一个新的字符串“Visual Basic 6.0”。

注意:若在变量后使用运算符“&”,应在变量和“&”之间加一个空格。因为“&”既是字符串运算符,又是长整型类型符,当变量名和“&”连在一起时,Visual Basic 6.0 会把它作为类型符处理。

2 表达式

2.1 表达式

由常量、变量、函数、运算符以及括号连接起来的有意义的式子称为表达式,每一个表达式都有唯一的值。表达式的类型由运算符的类型决定。在 VB 中按照运算的过程,表达式有算术表达式、字符串表达式等。

2.1.1 算术表达式

算术表达式也称为数值型表达式,是由算术运算符、数值型常量、变量、函数和圆括号组成,其运算结果为一数值。算术表达式的格式为:

<数值 1> <算术运算符 1> [<算术运算符 2> <数值 3>]

在编写算术表达式时,应注意与数学运算式子的不同之处。例如,三角高差计算公式:

$$\Delta h = D \times \tan\alpha + i - l$$

应写成:

$$Dh = D * TAN(A) + i - l$$

式中,A 应该化为弧度。

2.1.2 字符串表达式

一个字符串表达式由字符串常量、字符串变量、字符串函数和字符串运算符组成。字符串表达式的格式如下:

<字符串 1>& <字符串 2>[& <字符串 3>]

除用“&”把两个字符串强制连接成一个字符串外,还可以用“+”把两个字符串连接成一个字符串。例如:

```
"ABCDEF" & "123456"          '连接结果为:"ABCDEF123456"
"汉字字符串"+"连接起来"        '连接结果为:"汉字字符串连接起来"
```

2.2 运算符的优先级

当表达式中有多个运算符时,此时表达式要按运算符的优先级来进行运算。在 Visual Basic 6.0 表达式中,运算按照括号、函数、算术运算、字符串运算、关系运算、逻辑运算的顺序进行。VB 中运算符的优先级如表 2-5 所示。

2.3 类型转换

在表达式中经常会出现不同类型数据混合运算的情形。此时,需要按一定的规则进行类型转换。转换的方法有两种:系统自动转换和使用转换函数转换。

表 2-5　Visual Basic 运算符的优先级

分类	运算符	类内优先级	总体优先级
算术运算符	^ -(负号) *、/ Mod +、-	高 ↓ 低	高 ↓ 低
字符串运算符	&、+(字符串连接)	同级	
关系运算符	>、> =、<、< =、=、< >、Like、Is	同级	
逻辑运算符	Not And Or Xor Eqv Imp	高 ↓ 低	

对于算术运算,当参与运算的数据具有不同的精度时,系统将自动进行类型转换。系统规定运算结果的数据类型以精度高的类型为准。

有时,为了清晰编程逻辑,设计者会使用转换函数如 CStr( )、Val( )、CInt( )、CDb1( )等进行转换,另外过程调用时,为了让形参与实参相对应,也要使用转换函数。有关内容将在以后的章节中讲述。

第四节　常用内部函数

VB 中函数的概念与一般数学中函数的概念相同。在程序中要使用一个函数时,只要给出函数名和函数运行时所需的参数,就能得到函数的返回值。VB 提供了大量的、功能丰富的内部函数,同时允许用户自定义自己所需的函数。

Visual Basic 的内部函数包括:数学运算函数、字符串函数、转换函数、日期和时间函数、随机函数、格式输出函数等。

函数的要点是:输入一些参数,经函数的功能转换,得到新的结果,不论是内部函数还是自定义函数,都是如此。VB6 中的内部函数是"公用"的,随时可以使用;但在 VB. Net 中,函数被封装到不同的"包装"中,要用这些函数,必须先引用包装库,如三角函数封装在 Math 库中,所以正弦函数的完整表达应该是 Math. Sin(x)。

由于篇幅所限,在本书中只介绍一些常用的内部函数,其他函数可以查阅相关的资料。

1　数学运算函数

数学运算函数用于各种数学运算。常用的数学运算函数如表 2-6 所示。

表 2-6　常用数学运算函数

函数	功能	应用举例	
		调用	返回
Sin(x)	sin x 自变量单位以弧度表示	Sin(0)	0
Cos(x)	cos x 自变量单位以弧度表示	Cos(3.14159)	-1
Tan(x)	tan x 自变量单位以弧度表示	Tan(0)	0
Sqr(x)	求 x 的平方根	Sqr(100)	10
Atn(x)	arctan x 函数值单位以弧度表示	Atn(1)	0.785398
Exp(x)	求 e 的 x 次幂	Exp(0)	1
Log(x)	ln x (x>0)	Log(1)	0
Abs(x)	求 x 的绝对值	Abs(-10)	10
Int(x)	求不大于 x 的最大整数	Int(-8.4) Int(8.4)	-9 8
Sgn(x)	符号函数:x>0,sgn(x) = 1 x=0,sgn(x) = 0 x<0,sgn(x) = -1	Sgn (9.8) Sgn (0) Sgn (-18.5)	1 0 -1
Rnd(x)	产生(0,1)区间的一个随机数	Rnd(1)	0~1 之间,不含 0 和 1
Fix(x)	求 x 的整数部分	Fix(10.89)	10

说明:使用随机函数 Rnd(x)时,要先使用语句 Randomize(timer)初始化随机数发生器,当 x>0 或省略时,返回序列中的下一个随机数;当 x<0 时,返回每次都使用 x 作为种子得到的相同结果;当 x=0 时,返回最近生成的数。

示例:

```
Randomize      '初始化随机数发生器,避免产生相同的随机数序列
Me.Print Rnd(1),Rnd(0),Rnd(-1),Rnd(0)
```

运行结果如下:

```
.5471221      .5471221      .224007      .224007
```

Rnd()经常与 Int()函数组合使用,用来产生一定范围内的随机整数。下面给出几个产生随机整数的表达式。

(1)Int(Rnd * 整数 n):产生 0,1,…,n-1 中的一个随机整数。

(2)Int(Rnd * 整数 n+1):产生 1,…,n 中的一个随机整数。

(3)Int(Rnd * (n-m+1)+m):产生一个在区间[m,n]的随机整数。

(4)Chr(Int(Rnd * 26)+65):随机产生一个大写英文字母。

(5)Chr(Int(Rnd * 26)+97):随机产生一个小写英文字母。

2 字符串函数

VB 提供了大量的字符串函数,具有强大的字符串处理能力,常用字符串函数如表 2-7 所示。

表 2-7 常用字符串函数

函数	功能	应用举例	
		调用	返回
Len()	求字符串的长度	Len("ABC")	3
Left(x $,n)	求 x $中从第一个字符开始取 n 个字符组成的字符串	Left("ABCDEF",3)	ABC
Mid(x $,m,n)	求 x $中从第 m 个字符开始向右取 n 个字符组成的字符串	Mid("ABCDE",2,3)	BCD
Right(x $,n)	求 x $中从最后一个字符开始向左取 n 个字符组成的字符串	Right ("ABCDEF", 3)	DEF
Str(x)	把数值 x 转换成字符串	Str(12) +"ABC"	12ABC
Val(x $)	把数值型字符串 x 转换成数值	Val("-123")	-123
Asc(x $)	求 x $中第一个字符的 ASCII 码	Asc("ABS")	65
Chr $(x)	求 ASCII 码为 x 的字符	Chr(65)	A
Ucase(x $)	把 x $中的小写字母转换成大写	Ucase("Abcd")	ABCD
Lcase(x $)	把 x $中的大写字母转换成小写	Lcase("Abcd")	abcd
Space(n)	求由 n 个空格组成的字符串	Space(8)	8 个空格
Ltrim(x $)	删除 x $左端的空格	Ltrim(" abcd")	abcd
Rtrim(x $)	删除 x $右端的空格	Rtrim("abcd ")	abcd
Trim(x $)	删除 x $左、右端的空格	Trim(" abcd ")	abcd
String(n,x $)	将 x $的首字符提取,并重复 n 次组成一个新字符	String(6,"ABCDEF")	AAAAAA
Instr(x $,y $)	返回 y $在 x $中出现的开始位置	Instr ("ABCDEFG", "EFG")	5
Replace()	替换函数		
Split()	分割函数		

表 2-7 中很多字符串函数有两个版本,即带$的和不带$的,只是返回的结果的数据类型为字符串型或变体型的区别,其功能相同,如 Mid()和 Mid $()。

3 日期和时间函数

日期和时间函数使程序能向用户显示日期和时间，提供某个事件何时发生及持续时间长短的信息，常用日期和时间函数如表 2-8 所示。

表 2-8 常用日期和时间函数

函数	功能	应用举例	
		调用	返回
Now	返回系统日期和时间(yy－mm－dd hh:mm:ss)	Now( )	05－3－10 20:18:42
Date	返回系统日期(yy－mm－dd)	Date	05－3－10
Day	返回月中第几天(1～31)	Day(#3/10/2005#)	10
WeekDay	返回是星期几(1～7)	WeekDay(#3/15/2005#)	3
Month	返回一年中的某月(1～12)	Month(#3/10/2005#)	3
Year	返回年份(yyyy)	Year (#3/10/2005#)	2005
Hour	返回小时(0～23)	Hour(#8:50:42 PM#)	20
Minute	返回分钟(0～59)	Minute(#8:50:42 PM#)	50
Second	返回秒(0～59)	Second(#8:50:42 PM#)	42
Timer	返回从午夜算起已过的秒数	Timer	75333.38
Time	返回系统的当前时间	Time	20:56:31

4 格式输出函数

用格式输出函数 Format( )可以使数值、日期或字符型数据按指定的格式输出。Format 函数的语法如下。

格式：Format(<表达式>，<格式字符串>)

功能：按格式字符串指定的格式输出表达式的值。

说明：<表达式>可以是数值型、字符型、日期型的表达式；<格式字符串>是一个字符串常量或变量，常用格式说明符如表 2-9 所示；当<格式字符串>是字符串常量时，必须放在双引号中。

表 2-9 常用格式说明符

格式说明符	意义
#	数字占位符。显示一个数字或者都不显示
0	数字占位符。显示一个数字，若小数点前后实际位数少于 0 的个数，补 0
.	小数点占位符
,	千位分隔占位符
%	百分比号占位符，表达式的值自动乘以 100

续表 2-9

格式说明符	意义
$	美元号占位符,常位于数字的首位
+,-	正负号占位符
E+,E-	指数符号占位符
@	字符占位符,显示字符或空白
ttttt	5 个 t,将时间按完整的时:分:秒格式显示
dddddd	6 个 d,将日期按控制面板中设置的长日期格式显示

下面是 Format 函数的示例,运行结果如图 2-3 所示。

```
Private Sub Form_Click( )
    Me. Print Format(2. 71828, "#####. ##")
    Me. Print Format(2. 71828, "00000. 00")
    Me. Print Format(271828, "$##,###,###. ##")
    Me. Print Format(0. 18, "###. ##%")
    Me. Print Format(0. 18, "0. 000E+00")
    Me. Print Format( Time, "ttttt")
    Me. Print Format( Date, "dddddd")
End Sub
```

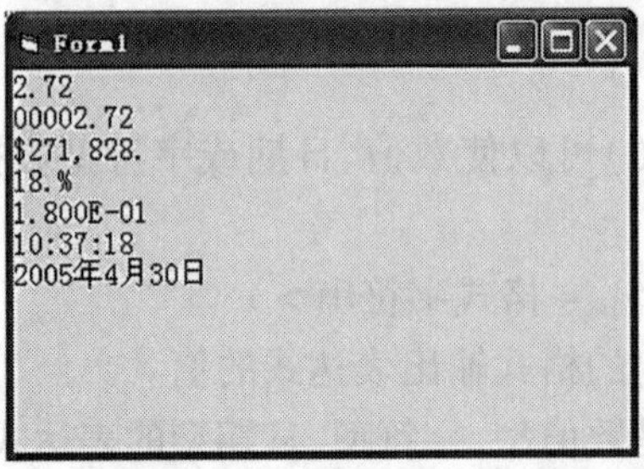

图 2-3　Format 示例运行结果

第五节　代码编写规则

VB 程序中的一行代码称为一条程序语句。语句是执行具体操作的指令,每条语句行以回车(Enter)键结束。一个语句行长度最多不能超过 1023 个字符。建立语句时必须遵守的构造规则称为语法。编写代码时应遵守一定的书写规则。主要规则如下。

1　VB 代码不区分字母的大小写

VB 系统对用户输入的程序代码进行自动转换,转换规则如下:

(1)代码中输入的关键字,首字母总被转换成大写,其余字母被转换成小写。

(2)若关键字由多个英文单词组成,则将每个英文单词的首字母转换成大写。

(3)对于用户自定义的变量、过程名,VB 以第一次定义的为准,以后输入的相同的变量、过程名向第一次输入的形式转换。

(4)Windows API 函数名称或第三方 DLL 中的函数名称是区分大小写的。

2 语句书写自由

(1)在同一语句行上,可以书写多余语句,语句之间用冒号“:”分隔。例如:

```
A = 12.567 : B = "ABCD" : C = Str(A) & B
```

(2)一个单行语句可以分为若干行书写,书写时在本行后面加上续行符,即加上空格和下划线。

(3)一行最多允许书写 1023 个字符。

3 注释语句

为便于程序的阅读、调试和维护,可以在语句中给出注释。注释的引导符有两种形式。

(1)注释以 Rem 开头。如:

```
Rem 计算 A 点至 B 点的 X 坐标增量
v = Xb - Xa
Rem 计算 A 点至 B 点的 Y 坐标增量
u = Yb - Ya
```

(2)以单引号“'”引导注释内容。例如:

```
v = Xb - Xa      '计算 A 点至 B 点的 X 坐标增量
u = Yb - Ya      '计算 A 点至 B 点的 Y 坐标增量
S = Sqr(v * v + u * u)   '计算 A 点至 B 点的边长
```

另外,可以使用“编辑”工具栏的“设置注释块”按钮、“解除注释块”按钮为选中的多行语句设置和取消注释。

4 缩排格式

在结构化编码约定中,除在程序的适当位置给出注释外,还应使用缩进的代码格式来反映程序的逻辑结构和嵌套。采用缩排格式可以使程序代码层次分明、结构清晰,便于阅读、理解和维护。默认情况下,在一行代码的起始位置按 Tab 键可缩进 4 个空格,按 BackSpace 键或 Shift + Tab 键取消缩进。也可以使用“编辑”工具栏的“缩进”按钮、“凸出”按钮为选中的多行语句设置和取消缩进。

第六节 程序流程控制语句

正如写作文有顺叙、倒叙、插叙之说,计算机编程就是将操作步骤序列化地罗列,自然有“顺序”方面的要求,这就是流程控制的问题。Basic 程序设计语言的流程控制局部采用结构化的程序设计方法,该方法的特点是程序结构清晰,易读性强,易于查错和排错。结构化程序设计方法有三种基本控制结构:顺序结构、选择结构和循环结构。

1 顺序结构

顺序结构是指程序中的语句按出现的先后顺序依次罗列,顺次执行,没有“思维跳跃”。顺序结构是一种线形结构,也是程序设计中最简单、最常用的基本结构,所有程序都包含这种结构。一些简单的程序可以只用顺序结构来编写。顺序结构如图 2-4 所示。

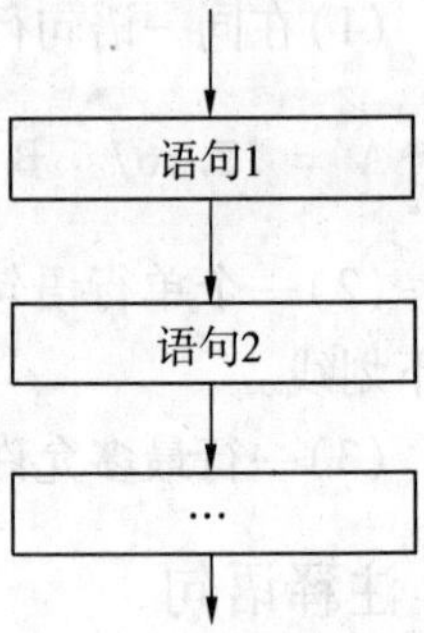

图 2-4 顺序结构

对于一个只包含顺序结构的程序来说,信息的一般流程为:输入→计算处理→输出。因此,在顺序结构中用到的典型语句主要是赋值输入语句、计算处理语句、结果输出语句等。在 VB 中,信息的输入可以通过文本框等控件实现,输出可以通过标签、文本框等控件或 Print 方法实现。此外,VB 还提供了输入对话框和输出(消息)对话框,可以很方便地完成输入和输出操作,控件和对话框的使用见书中的其他章节。

在前面的章节中已经多次使用过赋值语句和 Print 方法,从它们的应用中可以看出,赋值语句和 Print 方法均具有运算功能,是直接利用表达式对信息进行加工处理的有效手段。下面对赋值语句和 Print 方法作进一步的说明。

1.1 赋值语句

赋值语句是程序设计中最常用、最基本的语句。赋值语句的作用是将一个数据赋给一个变量或为对象的属性赋值,格式如下。

格式 1:变量名 = 表达式

格式 2:[对象名.]属性名 = 表达式

赋值语句不能按数学中“等于”的意义去理解,而应该理解为:将表达式计算的值赋给变量,或者将表达式计算的值存放在变量名代表的内存空间中。因而,下面的语句:

```
x = x + 1
y = sin(y) + Val(Text1.Text)
```

都有准确的含义,是正确的;而下面的语句:

```
x + 1 = x
x + y = 4
```

含义错误,是错误的。

在格式 2 中,若省略对象名,则默认对象为当前窗体。

在赋值语句中，表达式只能出现在赋值运算符"="右侧。表达式的数据类型应当与变量或属性的数据类型兼容。当赋值运算符"="两侧的数据类型不同时，VB 按以下规则处理：

(1)若两侧同为数值型但精度不同，则按左侧变量或属性的精度转换。

(2)当左侧变量或属性为数值型时，若右侧表达式为数字字符串，则转换为数值型再赋值；若表达式为空串或含有非数字字符，则出现错误。

(3)非字符型表达式赋值给字符型变量或属性时均转换为字符型。

(4)当数值型赋值给逻辑型时，0 值转换为 False，非 0 值转换为 True；当逻辑型赋值给数值型时，False 转换为 0，True 转换为 -1。

以下面的例子来进一步说明赋值语句的使用。

(1)给变量赋值。

```
Dim n As Integer
Dim Point_Name As String
n = 10
Point_Name ="你好 VB"
```

可以将一个表达式的值赋给一个变量。例如：

```
Dim Dh As Double
Dim Rad As Double
Rad = 30/180 * 3.1415926
Dh = Tan(Rad) +1.518 -1.3
```

(2)为对象的属性赋值。

例如，为一个窗体 Form1 的一些属性赋值。

```
Form1.Caption = "My Windows"
Form1.Height = 4000
Form1.Enabled = True
```

(3)用户自定义类型声明的变量的各元素赋值。

为用户自定义类型声明的变量的各元素赋值，它的一般格式为：

变量名.元素 = 表达式

例如：

```
Type Point
    ID As Integer
    Name As String * 20
    Coord_X As Double
    Coord_Y As Double
    Altitude_H As Single
End Type
```

```
PointMessage.ID = 1001
PointMessage.Name = "xx 公园"
PointMessage.Coord_X = 2545685.027
PointMessage.Coord_Y = 881101.603
PointMessage.Altitude_H = 1936.195
```

1.2 Print 方法

用 Print 方法输出数据：Print 方法用于在窗体、图片框、立即窗口、打印机等对象上输出数据。格式如下：

[对象名.]Print[输出项列表][{;|,}]

说明：

- 对象名：可以是窗体、图片框、立即窗口或打印机等对象，若省略对象名，则在当前窗体上输出数据，建议即使是在窗体上输出，也应写上 Me.Print[输出项列表]。
- 输出项列表：要输出的内容（表达式）。若有多个输出项，可用逗号或分号隔开。
- 分号"；"：各输出项连续输出，中间无空格。
- 逗号"，"：各输出项按分区格式输出，即将一个输出行以 14 个字符的宽度为单位分成若干区段（称为"打印区"），每个区段输出一个表达式的值。

如果调用 Print 方法的语句以分号或逗号结束，则下一次执行 Print 方法时将在同一行输出；否则，每执行一次 Print 方法即自动换行。

在进行代码编写时，输入问号"?"，VB 会自动将其翻译成 Print。

文件中输出也用 Print 语句，但写法是

Me.Print #n，[输出项列表]

#n 是打开的文件号，代表文件对象。总之，Print 有一个对象的问题，即在谁上面输出或对谁输出。

VB 提供了 Spc 和 Tab 两个函数，用于配合 Print 方法对输出进行定位。

(1)Spc 函数。

格式：Spc(n)

Spc 函数用于输入插入 n 个空格。例如：

```
Me.Print "你好!"; Spc(8);"Hello!"
```

输出结果：

```
你好!        Hello!
```

(2)Tab 函数。

格式：Tab[(n)]

Tab 函数用于将输出位置定位于第 n 列。若省略参数 n，则将插入点移动到下一个打印区的起点（此时与逗号作用相似）。如果 n 小于当前显示位置，则将输出移到下一行第 n 列。例如，若在窗体的 Form_Click 事件中加入以下代码，则单击窗体后输出如图 2-5 所示的结果。

```
Private Sub Form_Click()
    Me. Print
    Me. Print "《VB 在测绘中的应用》"
    Me. Print
    Me. Print Tab(6); "《VB 在测绘中的应用》"
    Me. Print
    Me. Print Spc(7); "《VB 在测绘中的应用》"
End Sub
```

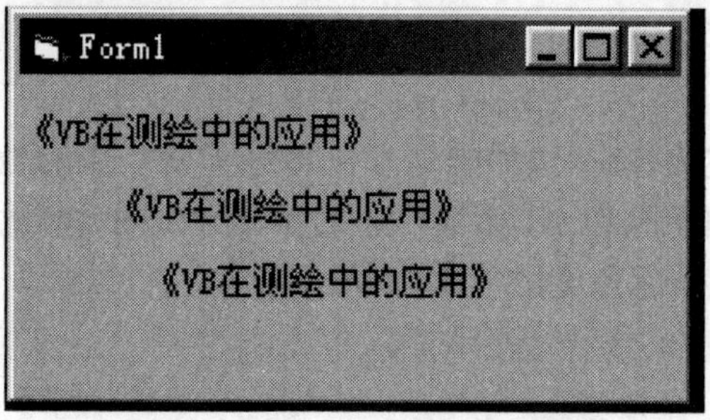

图 2-5　Spc 与 Tab 函数示例结果

2　选择结构

采用顺序结构编写的程序将步骤顺序罗列，顺次执行，然而，在实际开发应用程序时往往不可能仅使用这种简单的顺序结构来编码，大量的程序功能需要对程序执行流程进行改变和控制。如对某一中间计算结果的分支判断或对某一段代码的反复运算等。按照思维逻辑，选择结构和循环结构是所有程序设计语言都必须具备的流程控制功能。下面介绍的选择结构，有的地方也叫做分支结构。

选择结构的特点是：根据所给定条件的真假，选择执行不同的语句。VB 中的选择结构主要通过 If 语句和 Select Case 语句实现。

2.1　If…Then 结构

If…Then 结构的流程如图 2-6 所示。该结构表示如果条件满足就执行 Then 后边的语句，否则不执行任何操作。格式如下：

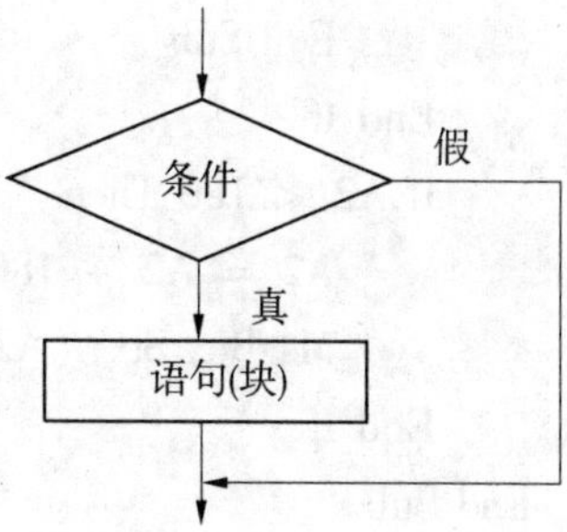

图 2-6　If…Then 结构流程

(1)单行形式。

If 条件 Then 语句

(2)块(多行)形式。

```
If 条件 Then
    语句块
End If
```

一般情况下，“条件”是运算结果为逻辑值的表达式，若表达式的值为真(True)，则条件成立,若表达式的值为假(False),则条件不成立。当“条件”为数值表达式时,非0值表示真,0值表示假。需要注意的是,If…Then的单行格式不用End If语句时,整个语句必须写在一行上。如果条件为真时需要执行多条语句,所有语句必须在同一行上并且以冒号分隔,例如:

If 条件 Then 语句1:语句2:语句3

为了使程序便于维护,提高其可读性,建议读者尽量不要采用这种单行多句的形式。如果需要在Then关键字后面执行多条语句,应使用块形式的If…Then…End If结构。

下面通过一个简单的示例说明If…Then结构的应用。在导线计算中,若观测角为左角,并按前进行方向推算边方位角,其计算公式为:

$$\alpha_{前} = \alpha_{后} + \beta \pm 180° \tag{2-1}$$

式(2-1)用文字表述为,前一边的坐标方位角等于后一边的坐标方位角加左折角,再加或减180°。在程序编码中,以A1为前一边的坐标方位角,A2为后一边的坐标方位角,B为所观测的左角,其中所有角度的单位为“度”。

```
Dim A1 As Single
Dim A2 As Single
Dim B As Single
Private Sub Form_Click( )
    A1 = Val(Rtrim $(Ltrim $(InputBox("输入前一边的方位角(度)", "角度_
                                                        输入", 0))))
    B = Val(Rtrim $(Ltrim $(InputBox("输入观测角(度)", "角度输入", 0))))
    A2 = A1 + B
    If A2 > 180 Then
        A2 = A2 - 180
        MsgBox Str $(A2), vbOKOnly, "导线边方位推算"
        Exit Sub
    End If
    If A2 < 180 Then
        A2 = A2 + 180
        MsgBox Str $(A2), vbOKOnly, "导线边方位推算"
    End If
End Sub
```

2.2 If…Then…Else 结构

If…Then结构实际上只提供了一种选择,即条件满足时执行指定的语句,条件不满足时不执行任何操作。如果需要在条件不满足时执行另外一些语句,可以使用If…Then…Else结构。该结构的流程如图2-7所示,表示如果条件满足就执行Then后的语句,否则执行Else后的语句。语法格式如下:

(1)单行形式。

If 条件 Then 语句1 Else 语句2

(2)块形式。

```
If 条件 Then
    语句块 1
Else
    语句块 2
End If
```

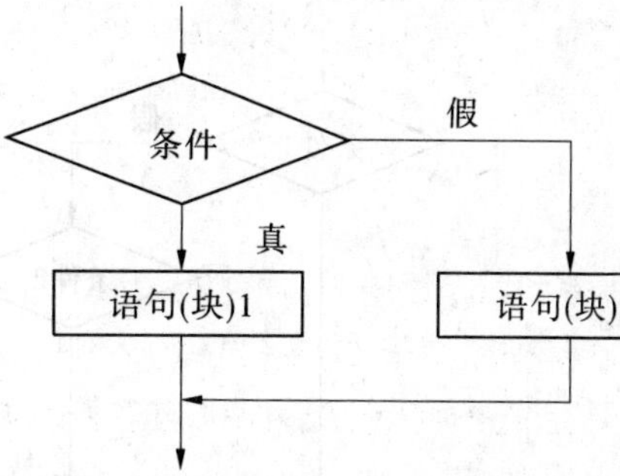

图 2-7　If…Then…Else 结构流程

当程序运行到 If 语句时，首先测试条件，如果条件为真，则执行 Then 之后的语句块 1，然后越过语句块 2，执行后续语句；如果条件为假，则执行 Else 之后的语句块 2，然后执行后续语句。在上面的例子中，若使用 If…Then…Else 语句，则程序就很简单。

```
Dim A1 As Single
Dim A2 As Single
Dim B As Single
Private Sub Form_Click( )
    A1 = Val( Rtrim $( Ltrim $( InputBox("输入前一边的方位角(度)", "角度_
                                                    输入", 0))))
    B = Val( Rtrim $( Ltrim $( InputBox("输入观测角(度)", "角度输入", 0))))
    A2 = A1 + B
    If A2 > 180 Then
        A2 = A2 - 180
    Else
        A2 = A2 + 180
    End If
    MsgBox Str $( A2), vbOKOnly, "导线边方位角推算"
End Sub
```

2.3　If…Then…ElseIf 结构

在处理实际问题时，需要对多种条件进行连续的判断，并根据判断结果执行不同的操作。此时可以使用 If…Then…ElseIf 结构。该结构的流程如图 2-8 所示，语法格式如下：

```
If 条件 1 Then
    语句块 1
ElseIf 条件 2 Then
    语句块 2
…
ElseIf 条件 n Then
    语句块 n
Else
    语句块 n + 1
End If
```

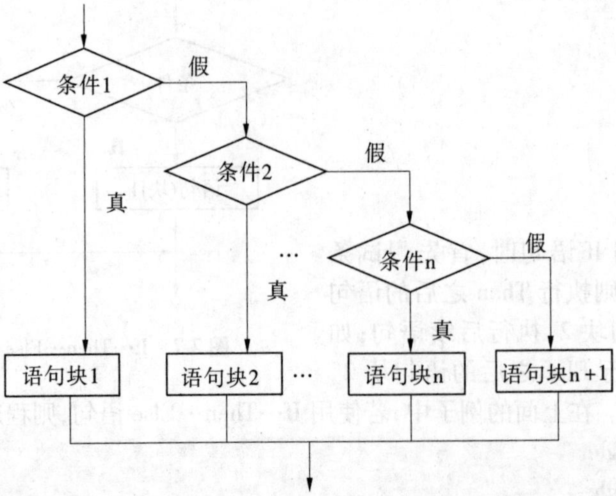

图 2-8 If…Then…ElseIf 结构流程

该语句的作用是根据不同条件执行指定的语句块。当程序运行到 If 语句时,首先测试条件 1,如果条件 1 为真,则执行语句块 1,然后执行 End If 之后的语句;如果条件 1 为假,就测试条件 2,依次类推,直到找到一个为真的条件就执行相应的语句块。如果条件都不为真,则执行 Else 后的语句块 n+1。

以四等水准测量一个测站的计算为例来说明 If…Then…ElseIf 结构的使用。在一个测站的观测中,读取了后视的黑、红面中丝读数,前视的黑、红面中丝读数,并读取了前、后视的上、下丝读数。这些读数要满足规范的相关要求。

编写一程序,判断各读数是否满足表 2-10 的要求,只有各项限差满足要求时才计算该测站的高差值。

表 2-10 四等水准测量一个测站的主要技术要求

前后视较差(m)	黑、红面读数较差(mm)	黑、红面所测高差较差(mm)
≤5.0	≤3.0	≤5.0

设计步骤如下:

(1)建立应用程序界面与设置对象属性。参照第五章的相关内容和方法建立用户界面与设置对象属性,如图 2-9 所示。图 2-10 为一个测站的高差计算结果。

(2)编写程序代码。

```
Dim BBU As Single, BBM As Single, BBL As Single
Dim BK As Single, BrM As Single
Dim FBU As Single, FBM As Single, FBL As Single
Dim FK As Single, FrM As Single
```

```
Private Sub Command1_Click()
    '读取后尺的各项读数
    BBU = Val(Ltrim $(Rtrim $(Text1.Text)))
    BBM = Val(Ltrim $(Rtrim $(Text2.Text)))
    BBL = Val(Ltrim $(Rtrim $(Text3.Text)))
    BrM = Val(Ltrim $(Rtrim $(Text4.Text)))
    BK = Val(Ltrim $(Rtrim $(Text5.Text)))
    FBU = Val(Ltrim $(Rtrim $(Text6.Text)))    '读取前尺的各项读数
    FBM = Val(Ltrim $(Rtrim $(Text7.Text)))
    FBL = Val(Ltrim $(Rtrim $(Text8.Text)))
    FrM = Val(Ltrim $(Rtrim $(Text9.Text)))
    FK = Val(Ltrim $(Rtrim $(Text10.Text)))
    BDh = BBM - FBM    '黑面高差
    FDh = BrM - FrM    '红面高差
    If BK > FK Then
      FDh = FDh - 0.1
    Else
      FDh = FDh + 0.1
    End If
    If Abs((BBU - BBL) - (FBU - FBL)) * 100 > 3 Then
      MsgBox "前后视距较差超限", vbCritical, "超限"
      Exit Sub   '退出计算程序
    ElseIf Abs(BBM + BK - BrM) > 0.003 Then
      MsgBox "后视黑、红面读数较差超限", vbCritical, "超限"
      Exit Sub    '退出计算程序
    ElseIf Abs(FBM + FK - FrM) > 0.003 Then
      MsgBox "前视黑、红面读数较差超限", vbCritical, "超限"
      Exit Sub    '退出计算程序
    ElseIf Abs(BDh - FDh) > 0.005 Then
      MsgBox "黑、红面所测高差较差超限", vbCritical, "超限"
      Exit Sub    '退出计算程序
    Else
      Dh = Format((BDh + FDh) / 2, "###.####")   '计算所测高差
      MsgBox "测站高差 =" & Str $(Dh) & "m", vbOKOnly, "计算结果"
    End If
End Sub
```

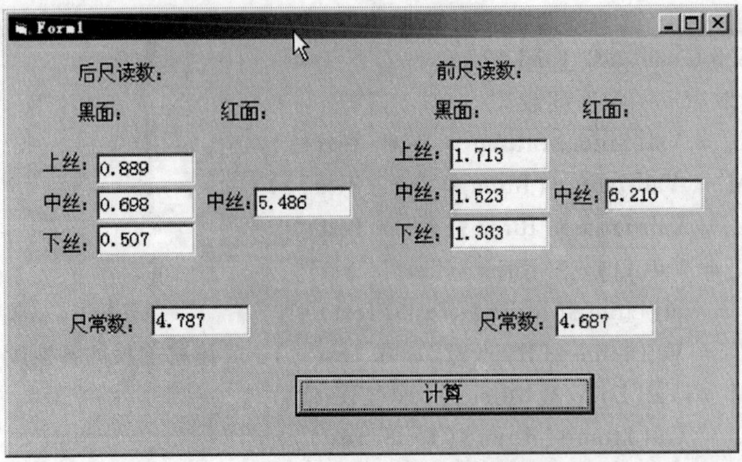

图 2-9　水准测量测站计算程序运行界面

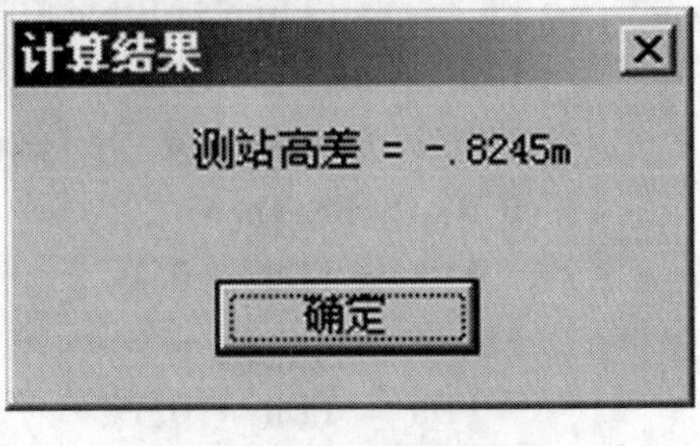

图 2-10　高差计算结果

四等水准测量规范要求记四位数字，不记小数点。本例为演示程序设计，不在代码中除1000，请读者注意。

使用 If 语句嵌套时应注意 If 与 End If 的配对关系，多个 If 嵌套中，End If 与它最近的 If 配对。为了增强程序的可读性，嵌套结构的书写应采用锯齿型缩进。

2.4　多支条件选择语句 Select Case

当对同一个表达式的多种不同取值情况作不同处理时，用 If…Then…ElseIf 结构或 If 语句嵌套会使程序显得较为杂乱，而用Select Case 语句（情况语句）可使程序更加清晰易读。Select Case 语句的语法格式如下：

```
Select Case 测试表达式
    Case 表达式值表 1
      语句块 1
    Case 表达式值表 2
      语句块 2
    …
    Case 表达式值表 n
      语句块 n
    Case Else
      语句块 n + 1
End Select
```

Select Case 语句执行流程如图 2-11 所示。该语句的功能是根据"测试表达式"的值，选择执行第一个符合条件的语句块。执行该语句时，首先求出"测试表达式"的值，然后依次将该值与语句中各 Case 子句的"表达式值表"进行比较。如果相等，就执行与该 Case 相关联的语句块，然后执行 End Select 后面的语句。如果有多个"表达式值表"与测试值匹配,则只有第一个匹配的 Case 子句有效。

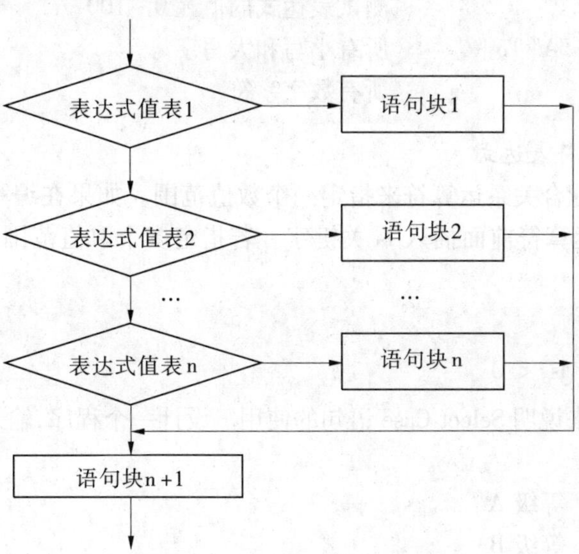

图 2-11　Select Case 语句执行流程

Select Case 语句中的“测试表达式”可以是变量、算术表达式或字符串表达式。它的类型必须与 Case 子句后面“表达式值表”的类型一致。

Case 子句后面的“表达式值表”可以是单一值或一组值的列表,有三种表示形式。

2.4.1　表达式

可以是常量、变量、算术表达式或字符串表达式。如果有多个表达式,则表达式之间要用逗号分开,例如:表达式 1,表达式 2,…。其中逗号表示“或者”,即只要其中有一个表达式的值与测试值匹配,就执行 Case 子句后的语句块。例如:

```
Select Case iMonth        'iMonth 为变量,用做测试表达式
    Case 1, 3, 5, 7, 8, 10, 12    '“值表”为常量列表
        Me. Print iMonth & "月: 31 天"
    Case 4, 6, 9, 11
        Me. Print iMonth & "月: 30 天"
    Case 2
        Me. Print iMonth & "月: 平年 28 天,闰年 29 天"
    Case Else
        Me. Print "出错"
End Select
```

2.4.2　表达式 1 To 表达式 2

表示取一定范围的值,其中,表达式 1 的值必须小于表达式 2 的值。若指定多个取值范围,则用逗号分隔。例如:

```
Case 0 To 100               '测试表达式的值在 0～100
Case "a" To "z", "A" To "Z"  '所有小写和大写字母
Case "0" To "9"             '所有数字字符
```

2.4.3 Is 关系运算符表达式

Is 关键字可以配合关系运算符来指定一个数值范围。如果在编写代码时未输入 Is，则 VB 自动在关系运算符前面插入 Is 关键字。若指定多个取值范围，也要用逗号分隔。例如：

```
Case Is < 100
Case Is > 100, Is < 0
```

以下面的例子来说明 Select Case 语句的使用。设计一个程序，输入成绩，根据以下条件判断成绩的等级。

90～100	等级 A
80～89	等级 B
70～79	等级 C
60～69	等级 D
60 以下	等级 E

设计步骤如下：

（1）建立应用程序界面与设置对象属性。参照第五章的相关内容和方法建立用户界面与设置对象属性，如图 2-12 所示。

图 2-12　Select Case 语句示例

（2）编写程序代码。为"显示等级"按钮的单击事件编写如下代码。

```
Private Sub Command1_Click()
    Dim Score As Integer
    Score = Val(Text1.Text)
    Select Case Score
        Case 90 To 100
            Label2.Caption = Str$(Score) & "分为等级 A"
        Case 80 To 89
```

```
            Label2.Caption = Str$(Score) & "分为等级B"
        Case 70 To 79
            Label2.Caption = Str$(Score) & "分为等级C"
        Case 60 To 69
            Label2.Caption = Str$(Score) & "分为等级D"
        Case 0 To 59
            Label2.Caption = Str$(Score) & "分为等级E"
        Case Else
            Label2.Caption = "成绩有误,请重新输入!"
    End Select
End Sub
```

通过上面的示例可看出,Select Case 语句对于单条件或表达式进行判断时,程序结构简单,编写较为直观;但对于多条件或多个表达式进行判断时,仍然要采用 If…Then 结构。

3 循环结构

人反复重做同一件事便会厌烦,计算机却特擅长做重复的事。循环结构是指在程序设计中,从某处开始有规律地反复执行某一程序块的一种结构。被重复执行的程序块称为循环体。循环体的执行、循环次数的多少由循环类型和条件决定。

VB 提供的循环结构语句有 Do…Loop(含变化表述)、While…Wend、For…Next、For Each…Next 等。循环关键字必须配对使用,表示循环的开始和结束,就像上括号和下括号一样,这也是逻辑严密的需要。

3.1 前测型 Do…Loop 循环

前测型 Do…Loop 循环结构,首先判断条件,根据条件决定是否执行循环,执行循环的最少次数是 0,其流程如图 2-13 和图 2-14 所示。

语法格式为:

```
Do [ While|Until ] [ 条件 ]
    [循环体 1]
    [Exit Do]
    [循环体 2]
Loop
```

说明:

(1) Do While…Loop 是当型循环语句,当条件为真时,执行循环体;当条件为假时,终止循环。

Do Until…Loop 是直到型循环语句,当条件为假时,执行循环体;当条件为真时,终止循环。

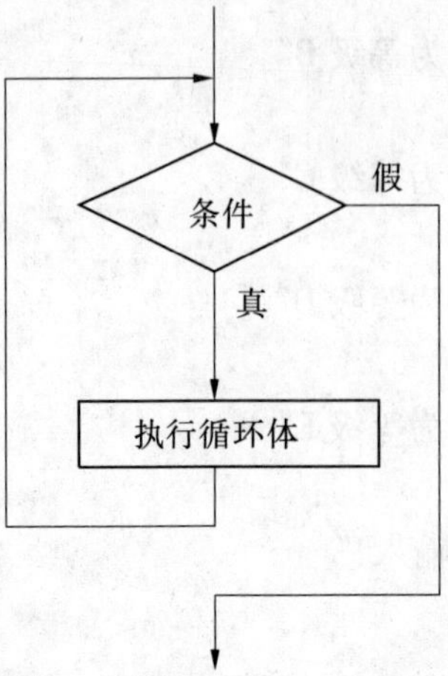

图 2-13　Do While…Loop 流程图

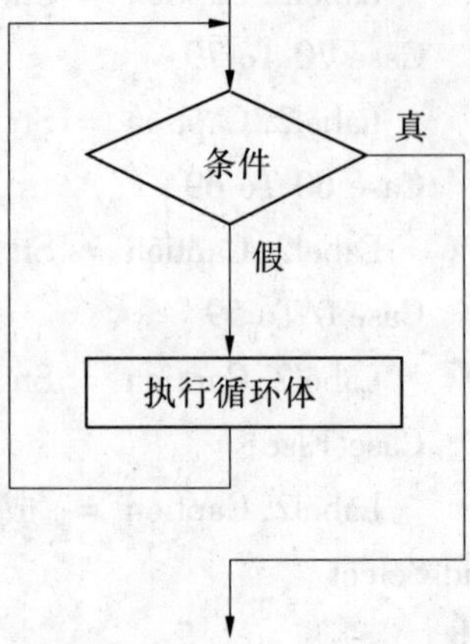

图 2-14　Do Until…Loop 流程图

(2)“条件”是条件表达式,为循环的条件。其值为“真”或“假”。如果省略条件,则条件会被当做“假”。

(3)“循环体”是一条或多条语句,它们将被重复执行,直到循环终止。

(4)在 Do…Loop 中可以在任何位置放置任意个数的 Exit Do 语句,随时跳出 Do…Loop 循环。Exit Do 语句将程序流程转移到 Loop 语句之后的语句。

下面通过实例说明 Do…Loop 循环的应用。分别用 Do While…Loop 和 Do Until…Loop 循环计算 1 到 200 的奇数和(1 +3 +5 +… +199)。设计一个单击窗体事件,其程序代码如下:

```
'采用 Do While…Loop 语句
Private Sub Form_Click( )
    Dim Sum As Integer, I As Integer
    Sum = 0
    Me. Print ""
    I = 1
    Do While I < = 200
    Sum = Sum + I
    I = I + 2
    Loop
    Me. Print "1 + 3 + 5 + … + 199 = "; Sum
End Sub

'采用 Do Until…Loop 语句
Private Sub Form_Click( )
```

```
Dim Sum As Integer, I As Integer
    Sum = 0
    Me. Print ""
    I = 1
Do Until Not I <= 200
    Sum = Sum + I
        I = I + 2
    Loop
    Me. Print "1 + 3 + 5 + … + 199 = "; Sum
End Sub
```

程序运行结果如图 2-15 所示。

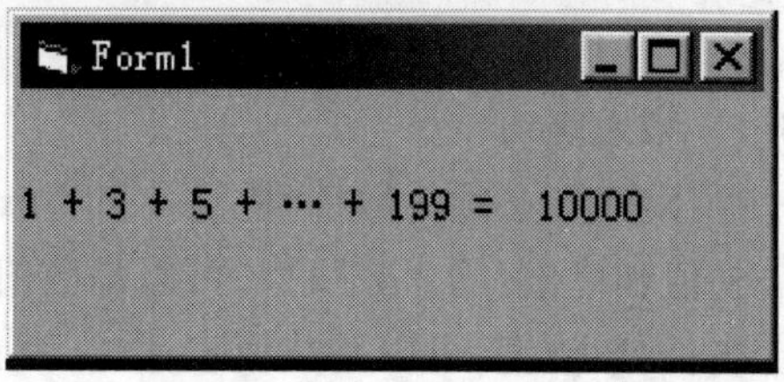

图 2-15　程序运行结果

3.2　后测型 Do…Loop 循环

后测型 Do…Loop 循环结构，首先执行循环体，然后判断条件，根据条件决定是否继续循环，因此至少执行一次循环体，其流程如图 2-16和图 2-17 所示。语法格式为：

```
Do
    [循环体 1]
    [Exit Do]
    [循环体 2]
Loop[{While|Until}][ 条件 ]
```

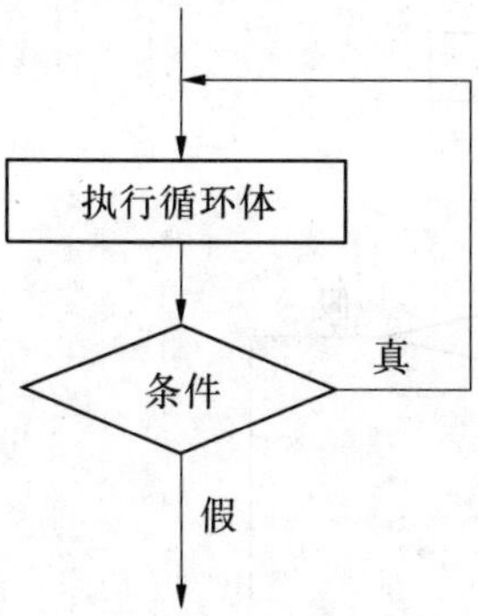

图 2-16　Do…Loop While 流程图

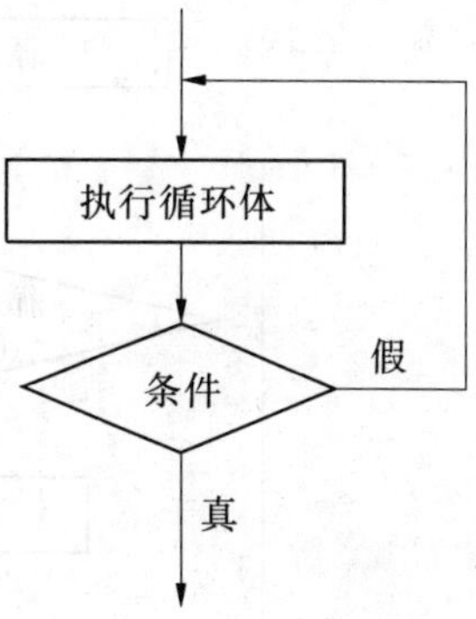

图 2-17　Do…Loop Until 流程图

说明：Do…Loop While 是当型循环语句，当条件为真时，继续执行循环体；当条件为假时，终止循环。Do…Loop Until 是直到型循环语句，当条件为假时，继续执行循环体；当条件为真时，终止循环。

请读者在学习中，将上述两个前测型 Do…Loop 循环的应用举例改编成使用后测型

Do…Loop 循环的例子。

3.3 For…Next 循环

For…Next 循环简称 For 循环。在循环次数不明确的情况下，宜用 Do…Loop 循环。在知道循环次数时，最好使用 For 循环。与 Do…Loop 循环不同，For 循环使用一个循环变量（计数器），用于控制循环体的执行次数。每执行一次循环之后，循环变量的值就会自动增加或减少。

For 循环由 For 语句、Next 语句以及循环体三者构成，语法格式如下：

```
For 循环变量 = 初值 To 终值 [Step 步长]
        [循环体 1]
        [Exit For]
        [循环体 2]
Next [循环变量]
```

3.3.1 格式说明

循环变量：必须为数值型。For 和 Next 关键字后面的“循环变量”必须相同。

初值和终值：均为数值型，可以是数值表达式。

步长：数值型，可以是数值表达式，默认值为 1。若步长为正数，应设初值≤终值，若步长为负数，应设初值≥终值，否则循环体不会被执行。步长不应为 0，否则程序将陷入无限循环（死循环）。

循环体：在循环中被执行的语句块。若循环中无语句，则为空循环。在循环体中可根据条件加入 Exit For 语句强制退出循环。Exit For 通常出现在选择结构中。For 循环流程如图 2-18 所示。

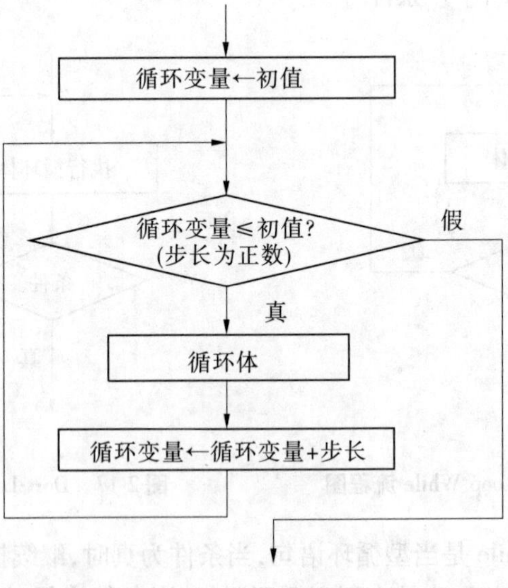

图 2-18 For 循环流程

3.3.2 执行过程

- 给循环变量赋初值。
- 若步长为正数,判断循环变量的值是否小于等于终值;若步长为负数,判断循环变量的值是否大于等于终值。
- 若判断结果为真,则执行循环体中的语句,否则退出循环。
- 遇到 Next 语句则把循环变量加上步长。
- 重复上述过程。

在 VB6 IDE 中,在循环体任一句上按 F9 键设置断点,按 F5 键运行,反复按 F8 键单步跟踪,看看 VB 怎样“走”,你便可以理解什么叫“循环”了。

使用 For…Next 循环编写一程序,计算 10! 的值。设计程序时,将代码编写在窗体单击事件中,代码如下:

```
Private Sub Form_Click()
    Me.Print
    Dim Fac As Single,I As Integer
    Fac = 1
    For I = 1 To 10
        Fac = Fac * I
    Next I
    Me.Print "1×2×3×…×10=" & Fac
End Sub
```

程序运行结果如图 2-19 所示。

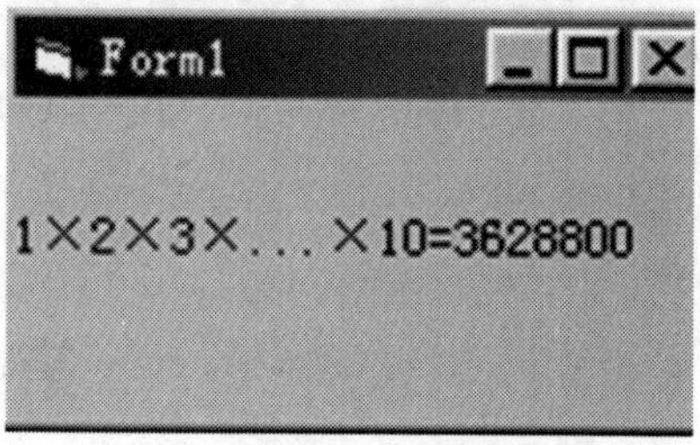

图 2-19 10! 的运行结果

4 循环嵌套

在循环结构中可以嵌套任何循环结构,也可以嵌套选择结构。以制作如图 2-20 所示的“九九乘法表”,来说明循环嵌套的使用方法。

分析:“九九乘法表”由 9 行 9 列等式组成,若以变量 I 代表行号,变量 J 代表列号,则所有等式均可表示为:I * J = 乘积。程序设计时采用 For…Next 双重循环。设外循环的循环变量为行号,内循环的循环变量为列号,在内循环中输出一行中的各列,退出内循环后行号加 1,输出下一行。

程序设计:程序运行时单击窗体后调用窗体的 Print 方法直接在窗体上显示乘法表,在 Print 方法中用 Tab 函数控制各列等式的输出位置。窗体单击事件的代码如下:

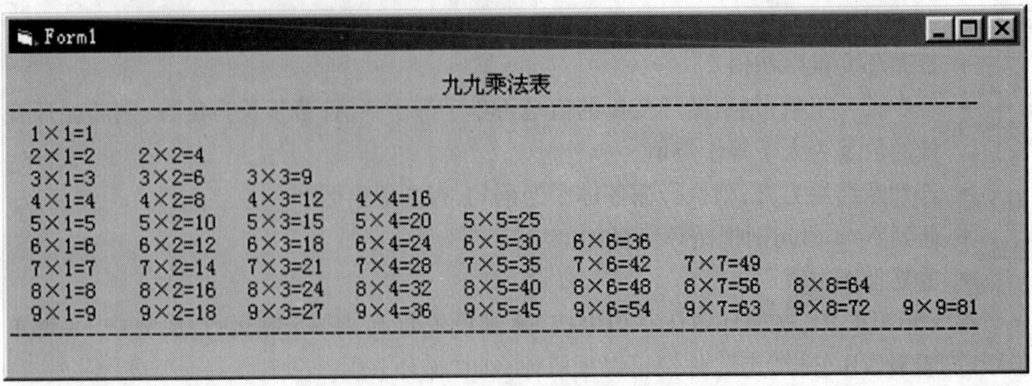

图 2-20　九九乘法表

```
Private Sub Form_Click()
    Dim strS As String, I As Integer, J As Integer
    Me.Cls
    Me.Print vbCr; Tab(41); "九九乘法表"
    Me.Print String$(80, "-")
    For I = 1 To 9     '外循环变量 I 为乘法表的"行"
      For J = 1 To I   '内循环变量 J 为乘法表的"列"
        strS = I & "×" & J & "=" & I * J   '行列相乘
        Me.Print Tab((J - 1) * 10 + 3); strS;   '显示
      Next J
      Me.Print
    Next I
    Me.Print String$(80, "-")
End Sub
```

第七节　数　组

在前面章节中，已经介绍了在程序中使用变量来存放数据，这些变量都是简单变量。对于单个数据，可以采用一个简单变量来存放它；对于几个数据，我们可以用几个变量来分别存放它们；但数据很多时，若仍然采用简单变量，就会显得力不从心，甚至根本办不到。这时就要求采用新手段和方法——数组，来存放这批变量。

1　数组的概念

数组是使用一个统一的名称来表示的、顺序排列的一组同数据类型的变量，是多个变量的集合，在内存中占据一块连续的内存空间。数组中的变量称为数组元素，用数字（下标）来标识它们，因此数组元素又称为下标变量。数组可以缩短和简化代码，创建高效处理多个元素的循环。

可以用数组名及下标唯一地识别一个数组的元素，例如 X(10)表示名称为 X 的数组中顺序号(下标)为 10 的那个数组元素(变量)，如果下标从 0 开始，就是这组数的第 11 个元素啦。

说明：

(1)数组的命名与简单变量的命名规则相同。

(2)下标必须用括号括起来，不能把数组元素 X(10)写成 X10，后者是简单变量。

(3)下标可以是常数、变量或表达式。下标还可以是下标变量(数组)，如 X(n(1))，若 n(1) =2，则 X(n(1))就是 X(2)。

(4)下标必须是整数，否则将被自动取整(舍去小数部分)。如 n(2.8)将被视为 n(2)。

(5)下标的最大值和最小值分别称为数组的上界和下界。数组的元素在上下界内是连续的。由于对每一个下标值都分配空间，所以声明数组的大小要适当。

VB 中的数组最多为 60 维；二维及二维以上的数组也称多维数组。按声明时数组的大小是否确定分为静态数组和动态数组两类。数组必须先声明后使用，主要声明数组名、类型、维数、数组大小。按声明下标的个数确定数组的维数。

2　一维数组

2.1　一维数组的声明

语句格式：

[Public | Private | Dim 数组名(下标) [As <类型>]

说明：

(1)数组名遵循标准的变量命名约定。

(2)下标是指一维数组下界和上界范围，下标形式为：

[下界 to] 上界

若省略下界，其默认值为 0。一维数组的元素(分量)个数为：上界 - 下界 +1。如果使用了 Option Base 语句，则数组的下界由 Option Base 语句控制。例如下面几个例子：

```
Dim X(10) As Double
```

声明 X 数组，双精度型，一维数组，有 11 个元素。下标范围 0 ~ 10。若在程序中使用 X(11)，则系统会显示错误信息“下标越界”。

```
Dim X(1 to 10) As Double
```

声明 X 数组，双精度型，一维数组，有 10 个元素。下标范围 1 ~ 10。

```
Option Base 1
Dim X(10) As Double
```

声明 X 数组，双精度型，一维数组，有 10 个元素。下标范围 1 ~ 10。

声明时，指定了数组元素的个数，该数组就叫静态数组。

2.2　一维数组元素及其操作

一个数组包含若干个数组元素，数组元素的形式如下：

数组名(下标)

数组的引用是以数组元素为单元的。如下面的例子所示:

随机产生 10 个 100 以内的互不相同的整数,并赋给 A 数组,并将 A 数组输出来。程序代码如下:

```
Option Base 1
Dim A(10) As Integer
Private Sub Form_Click()
    I = 1
    Randomize
    A(1) = Int(Rnd * 100 + 1)
    '随机产生 10 个 100 以内不相同的整数
    Do
        Tag = 1
        N = Int(Rnd * 100 + 1)
        For J = 1 To I
            If N = A(J) Then
                Tag = 1
                Exit For
            Else
                Tag = 0
            End If
        Next J
        If Tag = 0 Then
            I = I + 1
            A(I) = N
        End If
        '在窗体上输出这 10 个随机数
        If I = 10 Then
            For J = 1 To 10
                Me.Print A(J);
            Next J
            Me.Print
        End If
    Loop Until I = 10
End Sub
```

程序运行结果如图 2-21 所示。

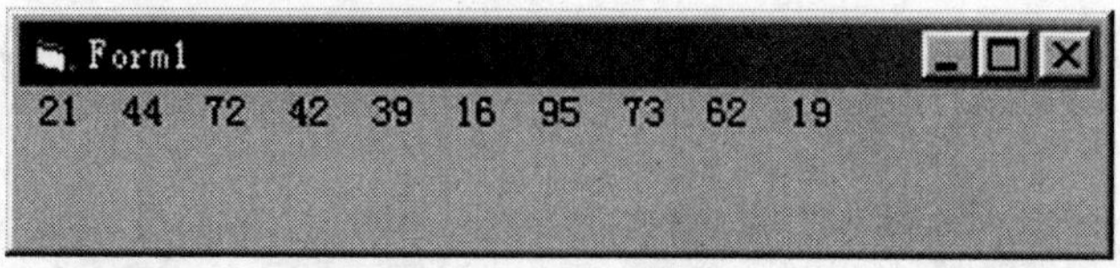

图 2-21　随机整数运行结果

3　多维数组

在声明数组时,若数组有两个或两个以上的下标,则该数组即为多维数组。根据下标的个数可以有二维数组、三维数组等。

3.1　多维数组的声明

语句格式:

[Public| Private | Dim 数组名(下标 1,下标 2 [,下标 3,…])[As <类型>]

其中,下标有两个以上的数字,它决定了数组的维数。数组的大小为各维大小的乘积。多维数组声明中的规则与一维数组相同。VB 允许声明多达 60 维的数组,但是随着数组维数的增加,数组所占内存会大幅度增加,甚至造成内存溢出,因而应慎用多维数组。以二维数组为例讲述多维数组的使用。

3.2　二维数组元素及其操作

一个二维数组包含的数组元素为行下标的个数与列下标的个数的乘积,数组元素的形式如下:

数组名(下标 1,下标 2)

二维数组的引用是以数组元素为单元的。编写程序时,二维数组通常与二重 For 语句结合使用,每重 For 语句中的循环变量分别作为数组元素的两个下标。

二维数组与数学上的矩阵有着密切的关系,任何一个矩阵都可以存放在一个二维数组中。因此,用二维数组可以实现矩阵的各种运算。

例如:在进行三角网经典平差时,角度值是独立观测值,其先验权阵是一个单位权阵。若有 5 个观测量,其先验权阵为 P = diag[1 1 1 1 1],定义一个二维数组 P,用来存放这个先验权阵,并将 P 数组打印输出。程序代码如下:

```
Option Base 1
Dim P(5,5) As Integer
Private Sub Form_Click()
    For I = 1 To 5
        For J = 1 To 5
            If I = J Then
                P(I,J) = 1   '将 1 赋给主对角线上的元素
            Else
                P(I,J) = 0   '非主对角线上元素的值为 0
            End If
```

```
        Next J
    Next I
    '按行在窗体上输出各元素的值
    For I = 1 To 5
        For J = 1 To 5
            Me.Print P(I,J);
        Next J
        Me.Print
    Next I
End Sub
```

程序运行结果如图 2-22 所示。

图 2-22　权矩阵运行结果

4　动态数组

动态数组也称为变长数组，是指在声明数组时未给出数组的大小（省略括号中的下标），随时用 ReDim 语句重新声明数组的大小。动态数组的优点是根据用户的需要，有效地利用存储空间，它是在程序运行时执行到 ReDim 语句时分配存储空间，而静态数组是在程序编译时分配存储空间。

建立动态数组的方法是，使用 Dim、Private 或 Public 语句声明括号内为空的数组，然后在后续的代码中用 ReDim 语句声明该数组的大小。

ReDim 语句形式如下：

ReDim 数组名（下标 1[，下标 2…]）[As 类型]

其中，下标可以是常量，也可以是有了确定值的变量。类型可以省略，若不省略，必须与 Dim 声明语句保持一致。例如：

```
Dim P( ) As Double
Sub Form_ Form_Click( )
    [语句块 1]
    ReDim P(5,5)
    [语句块 2]
End Sub
```

说明：

（1）在静态数组声明中的下标只能是常量，在动态数组 ReDim 语句中的下标可以是常量,也可以是有了确定值的变量。

(2)在过程中可多次使用 ReDim 来改变数组的大小,也可改变数组的维数。

(3)每次使用 ReDim 语句都会使原来数组中的值丢失,可以在 ReDim 后加 Preserve 参数用来保留数组中的数据,但使用 Preserve 只能改变最后一维的大小,前面几维的大小不能改变。

(4)使用 UBound 和 LBound 函数可以获取数组的上下界,并据以确定数组的大小。格式如下:

```
UBound(数组名[,维])        '取上界
LBound(数组名[,维])        '取下界
```

若省略“维”则默认为一维。

以下面的例子来说明上述两个函数的使用:

```
Dim CoodXY(1 to 4,1 to 5) As Double
Dim P(5,5) As Double
A = UBound(CoodXY,2)        'A 的值为 5
B = UBound(CoodXY)          'B 的值为 4
C = LBound(P,1)             'C 的值为 0
```

很显然,数组的使用总是与循环相伴随的。VB6 中,数组的运算没有内置的函数直接进行两数组的加、减、乘,也没有数组求逆,这些功能,要靠我们自己动手来实现,详见第八章相关内容。

第三方的软件则提供了这样的功能,如 MATLAB 就具有很强的矩阵(数组)运算能力,它还专门提供了 MatrixVB 工具包呢。

练 习 题

2-1 VB 定义了哪几种数据类型?变量有哪几种数据类型?常量有哪几种数据类型?

2-2 简述变量名的命名规则,请指出下列哪些是合法的变量名。

A + B、Sin、XπY、S $、VB258、Sgn、88Ai、A\B、取消、Visual Basic

2-3 下列符号哪些是常量,是什么类型的常量?哪些是变量?

“ABCD”、123、PI、“正确”、Good、81、6e - 5、False、#3/10/2005#

2-4 把下列数学表达式改写成等价的 VB 算术表达式。

(1) $\dfrac{1+\dfrac{y}{x}}{1-\dfrac{y}{x}}$　　(2) $x^2+\dfrac{3xy}{2-y}$

(3) $\sqrt{|ab-c^3|}$　　(4) $\sqrt{s(s-a)(s-b)(s-c)}$

2-5 写出下列表达式的值。

(1)(10 + 2 * 3)/2　　　(2)3^2 + 8

(3)#3/3/2005# -5　　　(4)"XYZ" & 123 & "ABC"

2-6 求出下列函数的值。

(1)Sgn(-12.456)　　　(2)Ltrim("　ABCD　")

(3)Fix(3.1415926)　　　(4)Int(3.1415926)

(5)String(3, "Good")　　　(6)Instr(2, "asdfasdf", "as")

(7)Month(#3/14/2003#)　　　(8)Sqr(Sqr(64))

2-7 编写一程序,将 A =3 和 B =12 的值相互交换。

2-8 编写一程序,建立并输出一个 10×10 的矩阵,该矩阵两条对角线元素为 1,其余元素为 0。

2-9 编写一程序,计算下列式子的运算值。

$$\begin{bmatrix} 12 & 1 & 5 \\ 4 & 3 & 6 \\ 2 & 0 & 7 \end{bmatrix} + \begin{bmatrix} 9 & 10 & 3 \\ 56 & 21 & 1 \\ 1 & 3 & 4 \end{bmatrix}$$

2-10 试编写一程序,用于计算三角高程测量。

2-11 试编写一程序,能够进行坐标反算。提示:可使用 If…Then 语句判断坐标方位角与象限角的关系。

2-12 一个 Select Case 结构中,以 Select Case X 开始,如果 X 的值为 5,下列 Case 测试的逻辑值(真或假)是什么?

(1)Case 1,3,6

(2)Case 1 To 6

(3)Case Is >1

(4)Case Is <5

2-13 对某直线丈量了 6 次,测量结果分别为:123.535 m、123.548 m、123.520 m、123.529 m、123.550 m、123.537 m,试根据测量计算的相关知识,编写一程序完成其算术平均值、算术平均值的中误差及相对误差的计算。

第三章　模块与结构化程序设计方法

程序的模块化设计是程序设计的主要方法。当问题比较复杂时,往往针对程序中不同的"功能"或"要求",将一个完整的程序功能划分为若干个"小功能",根据这些功能或特殊的要求编写成一段(或一个)独立程序代码,即模块。同时,若程序中有多处使用相同的代码段,也可以将其编写为一个模块,程序中的其他部分可以调用这些模块,而无须重新编写代码。因而,一个应用程序可由若干模块组成,犹如搭积木。

"过程"是包含在声明语句和End语句之间的Visual Basic语句块。在Visual Basic中上述模块可由设计者根据需要而编写,主要包括通用过程和自定义函数过程。在VB中还有一类过程是由系统提供的,包括事件过程和内部函数过程。事件过程和通用过程合称为子过程——Sub过程,自定义函数过程简称为函数过程——Function过程。其中,Sub过程执行操作但并不直接返回值,Function过程执行一定的功能并返回值。Event事件处理过程是为响应由用户操作或程序中触发的事件而执行的过程。

按"Basic是一门语言,VB是一个环境"的观点,自定义过程Sub和函数Function当属语言的范畴,事件过程代码框架的建立、事件内部触发机制当属环境的要素,代码部分则更多地运用语言的要素。事实上,语言与环境总是互相依存的,很难完全区分开来。

"过程"实际上是对数据和算法的封装,用来组织和简化程序。在程序设计中使用过程是体现结构化(模块化)程序设计思想的重要手段。将较长的程序划分为一个个相对独立的程序段,即划分成一个一个的模块,让每一个模块完成一个相对独立的功能,这样既提高了程序的易读性,又提高了可靠性,同时,还增加了程序的共享性。

本章主要介绍过程的概念、过程的定义、过程的调用以及过程的建立和编辑的一般方法,并以测量中一些常用的算法为例,运用过程的思想开发相应的子程序和函数,让学习者掌握模块化程序设计的基本方法和技巧。

第一节　Sub过程

1　事件过程

事件过程由VB自行声明,用户不能增加或删除。当用户对某个对象发出一个动作时,Windows会通知VB产生一个事件,同时VB会自动地调用与该事件相关的事件过程。事件过程是依附于窗体和控件上的。

事件过程的命名规则如下:

(1)控件事件的过程名由控件的实际名称、下划线"_"和事件名组合起来构成。例如单击了一个名为"Command1"的命令按钮后,调用相应的命令按钮单击事件,事件过程为"Command1_Click()"。

(2)窗体的事件过程名由“Form”、下划线“_”和事件名组合起来构成,如“Form_Load()”。

(3)MDI 窗体的事件过程名由“MDIForm”、下划线“_”和事件名组合起来构成,如“MDIForm_Load()”。

控件事件过程的定义格式如下:

```
Private Sub 控件名_事件名([参数表])
    [语句块]
End Sub
```

2 通用过程的定义

通用过程是为完成一个特定的功能而编写的一个子程序,可以存储在窗体或标准模块中。

定义通用过程的格式如下:

```
[Public|Private][Static] Sub 过程名([参数表])
[局部变量或常数声明]
        [语句块1]
[Exit Sub ]
        [语句块2]
End Sub
```

说明:

(1)[Public|Private]:可选用,表示过程的可访问性,指定 Sub 过程的作用范围。若省略,则默认为 Public。Private 过程能在本窗口或模块中被调用。Public 过程可在整个程序范围内被调用,但需要指明该子程序所在的对象名。

(2)Static:可选用。指定该过程内的所有局部变量均为静态变量,在过程被调用后其值仍然保留。

(3)过程名:指定所定义 Sub 过程的名称。命名规则与变量命名相同。

(4)参数表:参数表类似于变量声明,用来指明该过程被调用时传送给该过程的变量个数和类型。若有多个变量,各变量之间用逗号分隔。参数表中出现的参数称为形式参数。每个形式参数的格式为:

[ByVal|ByRef]参数名[()][As 类型]

ByVal 表示该参数按值传递,ByRef 表示按址传递。Visual Basic 参数的默认传递方式是址传递,使用 ByRef 关键字是将变量的地址传递给过程参数,过程中的代码对参数的改变实际上改变了该变量的值。值传递就是将变量的值拷贝一份传递给过程,不能改变原始变量的值。

(5)Exit Sub:该语句表示立即退出子过程。通常将其置于选择结构中,可以有条件地退出过程。

(6)End Sub:Sub 过程的结束标志。执行此语句时,返回到调用过程的下一条语句。

3　Sub 过程的创建

创建 Sub 子程序有两种方法:使用“添加过程”对话框;直接在“代码编辑器”窗口中输入过程代码。

3.1　在“代码编辑器”窗口中输入

进入“代码编辑器”窗口后,在左侧显示对象名的下拉列表框中选择“通用”,在右侧下拉列表框中选择“声明”,然后输入 Sub 及子程序名,按回车后 VB 系统会自动加上 End Sub 与子程序名后的一对括号,此时在 Sub 与 End Sub 之间便可以插入子程序语句代码,如图 3-1所示。

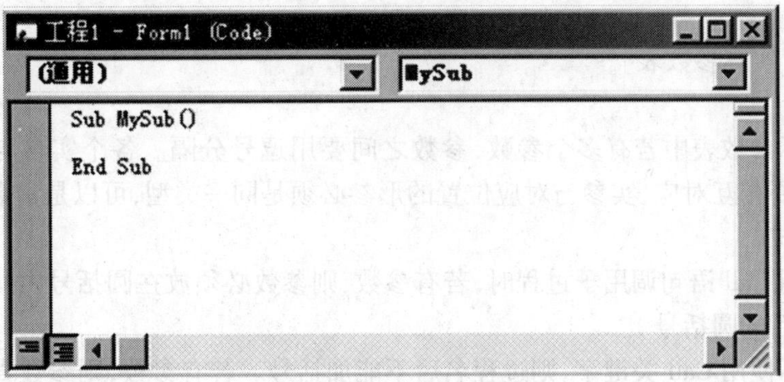

图 3-1　“代码编辑器”窗口

3.2　使用“添加过程”对话框

使用“添加过程”对话框建立过程的方法是:

(1)打开要添加过程的“代码编辑器”窗口。

(2)单击主窗口菜单条的“工具”菜单,并选择“添加过程”子菜单,然后系统会打开一个对话框,如图 3-2 所示。

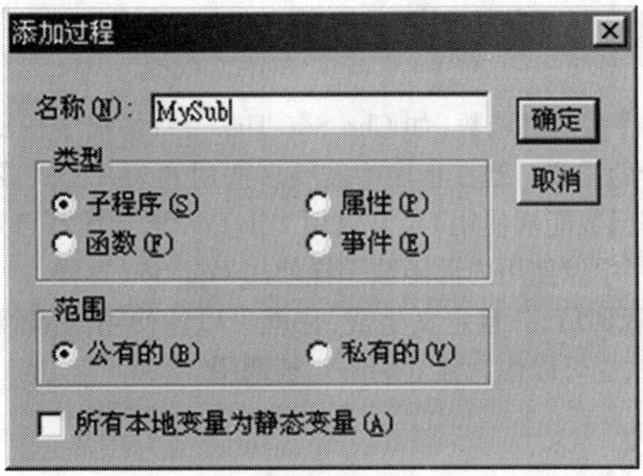

图 3-2　“添加过程”对话框

(3)在“名称”文本框中输入过程名,如“MySub”。从“类型”组中选择过程类型,如“子程序”。从“范围”组选择范围,如“公有的”,这相当于使用 Public 或 Private 关键字。

(4)单击“确定”按钮后,系统在“代码编辑器”窗口会自动给出子程序的头和尾(如

图 3-1 所示),此时可以输入子程序的具体语句。

4 Sub 过程的调用

子过程中的 Sub 与 End Sub 之间的语句序列称为过程体。每一次调用过程时都执行过程中的语句,从 Sub 语句后的第一个可执行语句开始,当遇到第一个 End Sub、Exit Sub、或 Return 语句时结束。Sub 过程执行操作但并不返回值。它能够带参数,如果不带参数,括号不能省略。

Sub 过程的调用有两种方式,语法格式如下所示:

Call 过程名[实际参数表]

或

过程名[实际参数表]

说明:

(1)实际参数表中若有多个参数,参数之间要用逗号分隔。各个实参与形参在参数表中的位置要相互对应,实参与对应位置的形参必须是同一类型,可以是常数、变量、数组元素和表达式。

(2)当用 Call 语句调用子过程时,若有参数,则参数必须放在圆括号内;若无参数,则省略过程名后的圆括号。

(3)若不使用 Call 关键字,则过程名后不能加括号。若有参数,则参数直接跟在过程名之后,参数与过程名之间用空格间隔,参数与参数之间用逗号间隔。例如,假设 MySub 子程序有参数,则这样调用 MySub 子程序:

```
MySub a,b,c
```

在 Visual Basic 中还有一种产生对象的属性的特殊过程——Property 过程,这里就不再进行讨论,请读者参阅相关的书籍。

第二节 Function 过程

尽管 VB 提供了许多内部函数(如 Chr、Sqr、Time 等)供程序开发者使用,但不可能完全满足应用程序设计的需要。当在程序中需要多次用到某一公式或处理某一函数关系,而又没有现成的内部函数能够使用时,可以用 Function 语句编写自定义函数过程实现相应的功能,可以在程序中像使用内部函数一样使用 Function 过程。

Function 过程有返回值,一旦定义生成,你就可以像使用内部函数那样使用它,它既可以出现在表达式中,也可以作为独立的语句被调用。

1 函数过程的定义

函数过程的定义与子过程的定义相似,是包含在 Function 语句和 End Function 语句之间的一系列 Visual Basic 语句。不同的是,由于函数过程可以返回一个值,因此要在定义中加入返回值类型说明。语法格式如下:

[Public|Private][Static]Function 函数名([形参表])[As 类型]

```
    [语句块]
    [函数名 = 表达式]
    [Exit Function]
    [语句块]
    [函数名 = 表达式]
End Function
```

说明:

(1)[Public|Private]:可选用。表示过程的可访问性,指定 Function 过程的作用范围。若省略,则默认为 Public。

(2)Static:可选用。指定该过程内的所有局部变量均为静态变量,在过程被调用后其值仍然保留。

(3)函数名:即函数过程的名称,命名规则与变量相同。

(4)形参表:用来指明该函数被调用时传送给该函数的变量个数和类型,其具体形式是:

变量名[As 类型][,变量名[As 类型]…]

(5)[As 类型]:指定函数过程返回值的类型,可以是 Integer、Long、Single、Double、Currency、String 或 Boolean。在 VB. Net 中,也可以是用户定义类型(枚举、结构、类等)。

(6)"表达式"的值是函数返回的结果,通过赋值语句将其赋给函数名。若在函数过程中省略"函数名 = 表达式",则该过程返回一个默认值。数值函数过程返回"0",字符串函数返回空字符串。因此,为了能使一个函数过程完成所指定的操作并获取返回值,通常要在过程中为函数名赋值。

(7)在过程体中,可以使用一个或多个 Exit Function 语句有条件地退出函数。

与子过程一样,可以在"代码编辑器"窗口中直接输入代码来创建函数过程,也可以使用"添加过程"对话框来创建函数过程,只是在选择类型时要选择"函数"。

2 函数过程的调用

Function 过程的调用比较简单,通常在表达式中调用,也可以作为独立的语句被调用。

2.1 以表达式方式调用

语法格式如下所示:

嵌入表达式中:函数名([实参表])

这种调用方式与大部分 VB 内部函数的调用相同,即将函数名及其实参写在表达式中。例如,以下语句可调用计算多边形面积的函数过程。

```
S =Area (Coord())
```

S 接受 Area()函数的返回值。

2.2 以独立语句方式调用

调用的格式与 Sub 过程相同。例如:

```
Call Area (Coord())
Area Coord()
```

当用这种方式调用函数过程时,VB 放弃函数的返回值。一般建议以表达式方式调用,判断返回值,并作相应处理。

例如:身份证号码验证。身份证前六位表示地区,中间八位表示生日,接着三位是顺序号,奇数表示男性,偶数表示女性,最后一位是验证码,其算法是:

计算(第一位 * 7 + 第二位 * 9 + 第三位 * 10 + 第四位 * 5 + 第五位 * 8 + 第六位 * 4 + 第七位 * 2 + 第八位 * 1 + 第九位 * 6 + 第十位 * 3 + 第十一位 * 7 + 第十二位 * 9 + 第十三位 * 10 + 第十四位 * 5 + 第十五位 * 8 + 第十六位 * 4 + 第十七位 * 2),得到的结果与 12 求模,如果得数是 10 最后一位就是 X,得 11 最后一位就是 0 ,得 12 最后一位就是 1 ,其他的是几就是几。

下面编写身份证验证的代码,将 18 位身份证号码传入函数,返回验证真假:

```
Function sfzYZ(ByVal cID As String) As Boolean
    xs = Array(0, 7, 9, 10, 5, 8, 4, 2, 1, 6, 3, 7, 9, 10, 5, 8, 4, 2)
    sfz = Left$(cID, 17)
    nSum = 0
    For i = 1 To 17
        nSum = nSum + Mid(cID, i, 1) * xs(i)
    Next
    ys = nSum Mod 12   '求余数
    If ys = 10 Then
        sfz = sfz & "X"
    ElseIf ys = 11 Then
        sfz = sfz & "0"
    ElseIf ys = 12 Then
        sfz = sfz & "1"
    Else
        sfz = sfz & ys
    End If

    If sfz = cID Then
        v = True
    Else
        v = False
    End If

    sfzYZ = v   '返回值,True 表示准确,否则错误
End Function
```

第三节 变量的作用域

一个变量定义后并不是在程序的任何地方都能被引用,任何变量都有它的作用域。变量的有效范围就是变量的作用域。由于变量的有效范围不同,所以就有了不同级别的变量之分。变量的作用范围确定了能够识别并使用变量的那部分代码。

为了更好地说明变量的作用域,首先应该了解一个应用程序即一个工程文件包括哪些部分。一般应用程序通常包括窗体文件(.frm 文件)、模块文件(.bas 文件)、类模块文件(.cls 文件)、用户定义控件文件(.ctl 文件)和属性页文件(.pag 文件)等。

VB 将代码主要存储在 3 种不同的文件中:窗体文件、模块文件和类模块文件。在这 3 种文件中都可以包含声明(常数、变量、动态链接库 DLL 的声明)和过程(Sub、Function、Property 过程)。它们形成了工程的一种模块层次结构,可以较好地组织工程,同时也便于代码的维护。图 3-3 所示为 VB 应用程序结构。

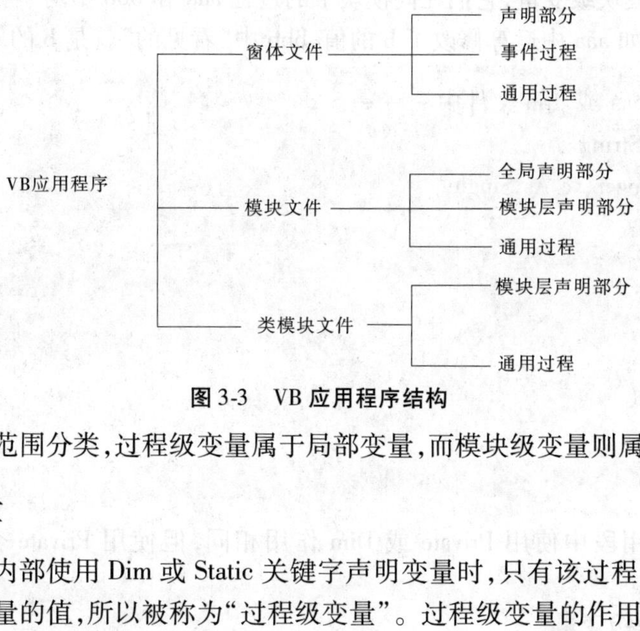

图 3-3 VB 应用程序结构

按照变量的范围分类,过程级变量属于局部变量,而模块级变量则属于全局变量。

1 过程级变量

在一个过程内部使用 Dim 或 Static 关键字声明变量时,只有该过程内部的代码才能访问或改变该变量的值,所以被称为“过程级变量”。过程级变量的作用范围限制在该过程内部。下面代码段中的 a、b、c 均是过程级变量,Sub xxx 之外,这三个变量就“看不见”。代码如下:

```
Sub xxx()
    Dim a As Integer, b As single
    Static c As String
    '用这些变量的语句
End Sub
```

如果在过程中未作说明而直接使用某个变量,属于隐性声明,该变量也被当成过程级变量。用 Static 声明的变量在应用程序的整个运行过程中都一直存在,而用 Dim 声明的变量只在过程执行时存在,退出过程后,这类变量就会消失。过程级变量通常用于保存临时数据。过程级变量只能在建立的过程内有效,即使是在主程序中建立的变量,也不能在被调用子过程中使用。例如,假设同一个模块中还有 Sub yyy,也声明了 a、b 等变量,那么,xxx 和 yyy 中的 a、b 不是同一个"东东"。

在编写一个较复杂的程序时,可能有多个过程或函数。在代码编写时,应注意将过程或函数中所用到的变量名尽可能地设计成局部变量,以免造成变量的冲突。

2 模块级变量

在模块的通用段中声明的变量属于模块级变量。模块级变量分为私有和公有。

2.1 私有的模块级变量

私有的模块级代码在声明它的整个模块的所有过程中都能使用,但其他模块却不能访问该变量。声明方法是在模块的通用段中使用 Private 或 Dim 关键字声明变量。下面代码中 a、b、c 是模块级变量,它们在同模块下的过程 aaa 和 bbb 中均"看得见",是同一个"东东",意即,假如 aaa 中运算修改了 b 的值,bbb 中"看见的"就是 b 的新值。代码如下:

```
' - - -某. bas 或. frm 文件中 - - -
Private a As String
Dim b As Integer, c As Single
Sub aaa( )
    '…
End Sub

Function bbb( )
    '…
End Function
```

在模块的通用段中使用 Private 或 Dim 作用相同,但使用 Private 会提高代码的可读性。

2.2 公有的模块级变量

公有的模块级变量在所有模块中的所有过程中都能使用。它的作用范围是整个应用程序,因此公有的模块级变量属于全局变量。声明方法是在模块的通用段中使用 Public 关键字声明变量。例如:

```
Public a As String, b As Integer
```

全局变量是指在所有程序(包括主程序和过程)中都可以使用的内存变量。就像在一个过程中定义的变量一样,在子过程中可以任意改变和调用全局变量,当子过程执行完后,其值又带回主程序。

把变量定义为全局变量虽然很方便,但这样会增加变量在程序中被无意修改的机会。因此,如果有更好的处理变量的方法,就尽量不要使用全局变量。图 3-4 说明了各级变量的作用范围。

如图 3-4 所示，模块 1 中的声明部分用 Public 定义了 a0 为全局变量，它在整个应用工程范围内有效。在窗体 1 中过程之外定义了 a1 为窗体级变量，它的作用域为窗体 1。在窗体 2 中用 Dim 定义了 a2 为窗体级变量，它的作用域为窗体 2。从图中可以看出，过程 1 可以访问 b、a1 和 a0，过程 2 可以访问 c、a2 和 a0，过程 3 可以访问 x、a1 和 a0，过程 4 可以访问 y、a2 和 a0。从上面介绍可知：

(1)在过程中只能定义局部变量。

(2)在窗体中的声明部分可以定义窗体级变量。

(3)在模块中的声明部分可以用 Private 或 Dim 定义模块级变量。

(4)在模块中的声明部分可以用 Global 或 Public 定义全局变量。

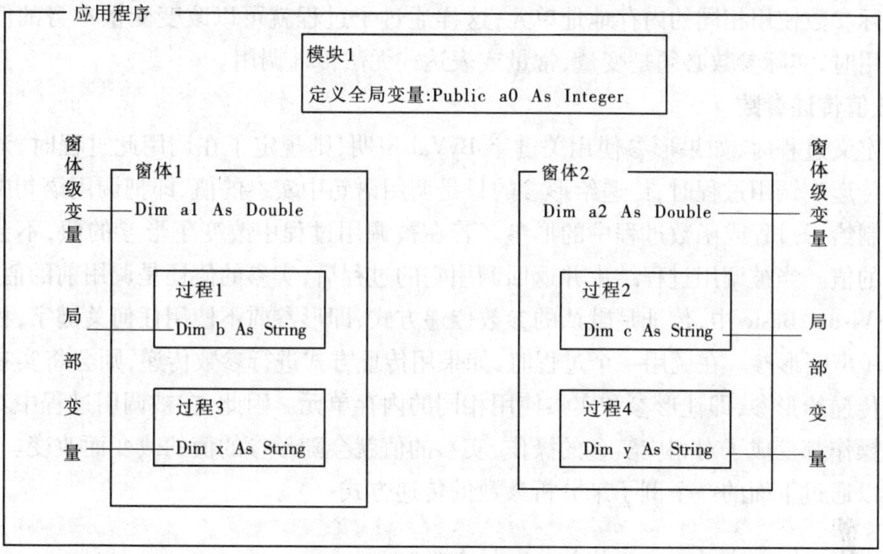

图 3-4 变量的作用范围

第四节 参数传递

过程与外界的数据传递有两种方式：通过非局部变量（模块级或全局变量）传递、通过参数传递。在过程中使用非局部变量，就是直接处理外界的变量。由于这种变量在过程内、外都能使用，“通信”不成问题。但是过多地使用非局部变量将会使代码的重用和维护更加困难，而使用参数传递则不必为此担心。

调用过程时可以把数据传递给过程，也可以把过程中的数据传递回来。在调用过程中，要考虑调用过程和被调用过程之间的数据是如何传递的。通常在编制一个过程时，要考虑它需要输入哪些量，进行处理后输出哪些量。正确地提供一个过程的输入数据和正确地引用输出数据，是使用过程的关键，也就是调用过程和被调用过程之间的数据传递的问题。

1　按值传递与按地址传递

参数是主调过程和被调过程之间传送数据的重要手段。程序在调用一个有参数的过程时，要把语句中的实参依次传递给被调用过程的形参，然后执行被调用过程中的语句。形参相当于过程中的过程级变量，参数传递相当于给变量赋值。过程结束后，程序返回到调用它的过程中继续执行。

调用过程时传递参数的方式有两种：按地址传递（ByRef，简称传址）和按值传递（ByVal，简称传值）。

1.1　按地址传递参数

按地址传递参数，就是让过程根据变量的内存地址去访问实际变量的内容，即形式参数与实际参数使用相同的内存地址单元，这样通过子过程就可以改变变量本身的值。在传址调用时，实际参数必须是变量，常量或表达式无法传址调用。

1.2　按值传递参数

在定义过程时，如果形参使用关键字 ByVal 声明，则规定了在调用此过程时，该参数将按值传递。调用过程时，传递给形参的只是调用语句中实参的值，即把调用语句中实参的值复制给子过程或函数过程中的形参。若在被调用过程中改变了形参的值，不会影响到实参的值。当被调用过程结束并返回调用它的过程后，实参的值还是调用前的值。

在 Visual Basic 中，传址是默认的参数传递方式，即形参前不使用任何关键字，相当于用 ByRef 声明形参。在调用一个过程时，如果用传址方式进行参数传递，则会将实参的内存地址传递给形参，即让形参和实参使用相同的内存单元。因此，在被调用过程中对形参的任何操作都变成了对相应实参的操作，实参的值就会随形参的值的改变而改变。

可以通过下面的一个例子来分析参数的传递方式：

```
Sub MySub(X As Integer, ByVal Y As Integer)
    X = 10
    Y = 10
End Sub
```

假设过程被调用如下：

```
A = 5
B = 5
Call MySub(A,B)
```

执行时，A→X，B→Y，当执行完毕，过程返回时，变量 A 的值变为了 10，变量 B 的值未修改。这是因为在 MySub 子过程中，X 变量的声明采用缺省方式，即按址传递，调用 MySub 后，修改了 A 的值，而 Y 采用值传递方式声明，即将 B 的副本传给 Y，B 本身的值不会修改。

2 对象参数

在 Visual Basic 中,可以将窗体、控件等对象传递给过程。用对象作为参数与用其他数据类型作为参数的过程在语法格式上是相同的,只需将参数声明为特定类型即可。这里的“对象类型”是指对象所属的类。窗体和控件所属的类可以在“属性”窗口的对象下拉列表框中看到。在图 3-5所示的“属性”窗口中,名称为 txtName 的文本框对象所属的类是 TextBox。

图 3-5 对象所属的类

调用含有对象参数的过程时,需要将实参设置为对象名称,该对象必须与形参的类型相同,并且采用传址方式。例如建立一个通用过程 TxtSetFocus,形参类型为 TextBox。在过程中,形参代表的是被传入的文本框对象。通过该形参可引用文本框的所有属性和方法。

```
Private sub TxtSetFocus (txtX As TextBox)
    txtX. SelStart = 0
    txtX. SelLength = Len(txtX. Text)
    txtX. SetFocus
End Sub
```

3 传递数组

在使用子过程和函数过程时,可以将数组或数组元素作为参数进行传递。传递整个数组时,在实参与其所对应的形参都必须写上所要传递的数组的名称和一对圆括号,例如 Coord()。在子程序中不可再用 Dim 来定义所要传递的数组。

如果要传递数组中的某一元素,则在 Call 语句中只需直接写上该数组元素,例如:

```
Call Subt(5,y(3))
```

对于在过程中进行数组传递编程,可见后面的章节。

第五节 角度制的转换

角度是测量中的一项重要数据,主要包括:水平方向观测值、水平角、垂直角、方位角、大地经纬度等。在日常的数据处理和应用中,角度值是以度分秒的形式进行采集或利用的。而在 Visual Basic 的三角函数中,角度必须以弧度的形式参加运算。因此,在这一节中主要讨论角度在“度. 分秒”、“度”、“弧度”之间转换的算法,以及计算机程序语言对这些算法的描述。

1 “度.分秒”转化为“度”

1.1 程序功能

使用 Function 过程，定义一个 DEG 函数，在程序中通过对这个函数的调用，把“度.分秒”表示的数直接转换成“度”十进制数，其中“度.分秒”以“度.分秒”的形式输入。例如 DEG(45.23562)，即求 45°23′56.2″为多少度。

1.2 方法说明

基本算法是：对输入的数值进行分解，数据是以“度.分秒”的形式输入，小数点前面的数据为整度数，小数点后两位为整分数，小数点后第三、第四位为整秒数，其余部分为秒的小数值。因而，用 INT 函数分别提取整度数值、整分数值和秒值。例如 45.23562 分解为以下几部分：“45”、“23”、“56.2”。

1.3 函数语句

```
Function DEG(de As Double) As Double
        sign = Sgn(de)   '提取所要计算的数值的符号
        de = Abs(de)
        d1 = Int(de)
        d2 = Int((de - d1) * 100)
        d3 = de - d1 - d2 / 100
        DEG = sign * (d1 + d2 / 60 + d3 / 0.36)
End Function
```

1.4 参数说明

de——需要转化的“度.分秒”数值，是一个实数。

DEG()——函数的返回值。如 DEG(-180.18453)为求 -180°18′45.3″的度值。

我们使用三角函数时，三角函数的自变量要求是弧度，那么，十进制的度与弧度，只有一步之遥，你能加上吗？

2 “度”转化为“度.分秒”

2.1 程序功能

使用 Function 过程，定义一个 DMS 函数，在程序中通过对这个函数的调用，把“度”直接转换成“度.分秒”。例如 DMS(45.39894)，即求 45.39894°为多少度多少分多少秒。

2.2 方法说明

基本算法是：对输入的数值进行分解，数据是以度为单位的形式输入，小数点前面的数据为整度数，小数点后面的数据为不足一度的数值。因而，用 INT 函数提取整度数值，再把小数点后的数值分别化为整分和秒值。例如 45.39894°，转化过程为：第一步提取整度数 45°，第二步计算分值 0.39894° ×60′ =23.9364′，提取整分数为 23，第三步计算秒值 0.9364′ ×60″ =56.2″，则 45.39894° =45°23′56.2″。

2.3 函数语句

```
Function DMS(de As Double) As Double
    sign = Sgn(de)    '提取所要计算的数值的符号
    de = Abs(de)
    d1 = Int(de)
    d2 = (de - d1) * 3600
    d3 = Int(d2/60)
    d4 = d2 - d3 * 60
    DMS = sign * (d1 + d3/100 + d4/10000)
End Function
```

2.4 参数说明

de——传入的需要转化的“度”数值,是一个实数。

DMS()——函数的返回值。如 DMS(90.56897)为求 90.56897°的“度.分秒”值。函数返回形式为“度.分秒”,DMS(90.56897)=90.34083(即 90°34′08.3″)。

至于如何将度分秒转换成弧度值,请读者参照“度.分秒”转化为“度”的函数,稍作修改进行编写,函数名可设为“RAD”。

第六节 坐标推算与反算

在测绘工作中需要根据观测得到的边长、水平角度、方位角等测量信息计算点位的平面坐标。根据观测情况和取得的观测量的不同,在坐标计算中可采用直接法和余切公式法计算。在工程应用中,如点位的测设,经常需要根据所提供的平面坐标值计算两点之间的平距和方位角。这个过程称为坐标反算。

1 坐标推算数学模型

1.1 直接法计算

图 3-6 直接法计算

如图 3-6 所示,O 为已知点,P 为待定点,O 点至 P 点的坐标方位角为 α_{OP},边长为 S_{OP},则 P 点的坐标为:

$$\begin{aligned} X_P &= X_O + S_{OP} \times \cos\alpha_{OP} \\ Y_P &= Y_O + S_{OP} \times \sin\alpha_{OP} \end{aligned} \tag{3-1}$$

在式(3-1)中,$S_{OP} \times \cos\alpha_{OP}$、$S_{OP} \times \sin\alpha_{OP}$ 的计算结果分别为 O 点至 P 点 X 和 Y 的坐标增量,所以直接法又称为坐标增量计算法。

1.2 余切公式法计算

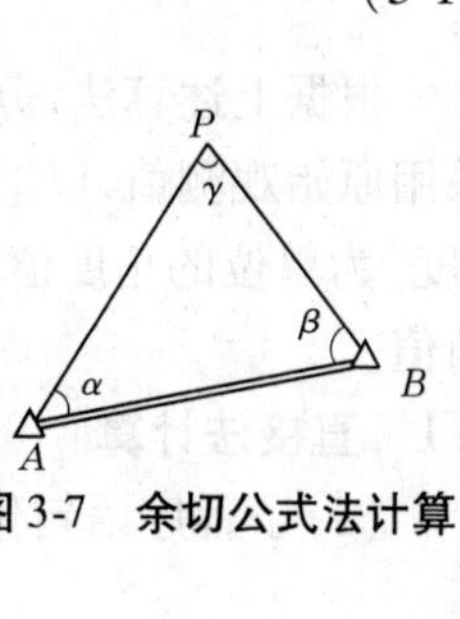

图 3-7 余切公式法计算

如图 3-7 所示,在一个三角形中,A、B 分别为已知点,P 为待定点,α、β、γ 分别为 A、B、P 三点所对应的三角形的内角,则待定点 P 的坐标为:

$$
\left.\begin{aligned}
X_P &= \frac{X_A \times \cot\beta + X_B \times \cot\alpha - Y_A + Y_B}{\cot\alpha + \cot\beta} \\
Y_P &= \frac{Y_A \times \cot\beta + Y_B \times \cot\alpha + X_A - X_B}{\cot\alpha + \cot\beta}
\end{aligned}\right\} \tag{3-2}
$$

在图 3-7 中，如果在进行外业观测时，仅在 A、B 两已知点上架设仪器，测量了 α、β 角，这时称为前方交会；如果在 A、B 和 P 点上都架设过仪器，并测量了 α、β、γ 三个角度，这时可先计算三角形的闭合差，然后进行平均分配，并可利用式(3-2)计算待定点 P 的坐标。

2 坐标反算数学模型

根据已知两点的平面坐标值，计算这两点的边长和方位角的计算过程称为坐标反算。

若已知直线 A、B 两端点的平面坐标，要求反算这两点的边长和方位角，其计算公式如下：

$$
R_{AB} = \arctan \frac{Y_B - Y_A}{X_B - X_A} = \arctan \frac{\Delta Y_{AB}}{\Delta X_{AB}} \tag{3-3}
$$

$$
S_{AB} = \sqrt{(X_B - X_A)^2 + (Y_B - Y_A)^2} = \sqrt{\Delta^2 X_{AB} + \Delta^2 Y_{AB}} \tag{3-4}
$$

在式(3-3)和式(3-4)中，R_{AB}和 S_{AB}分别表示 A 点到 B 点的象限角和直线长度。AB 直线的方位角 α_{AB}可由象限角 R_{AB}根据 ΔX 和 ΔY 的正负号进行换算，其换算关系见表 3-1。

表 3-1 象限角和方位角的关系

坐标增量的符号	象限	象限角与方位角的关系
$\Delta X>0, \Delta Y>0$	Ⅰ	$\alpha = R$
$\Delta X<0, \Delta Y>0$	Ⅱ	$\alpha = 180° - R$
$\Delta X<0, \Delta Y<0$	Ⅲ	$\alpha = 180° + R$
$\Delta X>0, \Delta Y<0$	Ⅳ	$\alpha = 360° - R$

3 坐标推算子程序设计

根据上述算法，分别设计两个 Sub 过程用于直接法和余切公式法的计算。其中，角度采用原始观测值，以“度. 分秒”的形式输入，用我们设计的 DEG 函数进行转换，生成以“度”为单位的角度值，并定义一个常量 PI = 3. 1415926，最后求出以“弧度”为单位的观测角值。

3.1 直接法计算

(1)子程序语句代码。

```
Sub ZJF_XY(Xo, Yo, S, A, Xp, Yp)
    A = DEG(A) * PI / 180  '将 A 角值转换为弧度
    Dx = S * Cos(A)  '求 O 点至 P 点的 X 坐标增量
    Dy = S * Sin(A)  '求 O 点至 P 点的 Y 坐标增量
    Xp = Xo + Dx  '求待定点的 X 坐标值
    Yp = Yo + Dy  '求待定点的 Y 坐标值
End Sub
```

(2)参数及变量说明。

Xo,Yo——形式参数,已知点 O 的 X 和 Y 坐标;

S——形式参数,已知点 O 至待定点 P 的边长;

A——形式参数,已知点 O 至待定点 P 的方位角,以“度.分秒”的形式输入;

Xp, Yp——形式参数,用于返回待定点 P 的 X 和 Y 坐标;

DEG()——自定义的 Function 过程,见本章第五节的相关内容;

PI——常量,PI = 3.1415926,可在程序中的模块段进行声明。

3.2 余切公式法计算

(1)子程序语句代码。

```
Sub cot_XY(Xa, Ya, Xb, Yb, A, B, Xp, Yp)
    A = DEG(A) * PI / 180  '将 A 角值转换为弧度
    B = DEG(B) * PI / 180  '将 B 角值转换为弧度
    xe = 1 / Tan(A)  '求 A 角余切值
    xf = 1 / Tan(B)  '求 B 角余切值
    fm = xe + xf  '分母
    Xp = (Xa * xf + Xb * xe - Ya + Yb) / fm  '求待定点的 X 坐标值
    Yp = (Ya * xf + Yb * xe + Xa - Xb) / fm  '求待定点的 Y 坐标值
End Sub
```

(2)参数及变量说明。

Xa,Ya——形式参数,传入已知点 A 的 X 和 Y 坐标;

Xb,Yb——形式参数,传入已知点 B 的 X 和 Y 坐标;

A,B——形式参数,传入 α 和 β 角的角值,以“度.分秒”的形式输入;

Xp,Yp——形式参数,用于返回待定点 P 的 X 和 Y 坐标;

DEG()——自定义的 Function 过程,见本章第五节的相关内容;

PI——常量,PI = 3.1415926,可在程序中的模块段进行声明。

4 坐标反算子程序设计

根据坐标反算的计算原理,设计一个 Sub 过程用于两点间边长和方位角的计算。方位值以“度.分秒”的形式输出。在子程序中使用我们前面课程中设计的 DMS 函数,并定义一个常量 PI = 3.1415926，最后求出以“弧度”为单位的观测角值。

4.1　**子程序语句代码**

```
Sub Caclute _ ST(Xa,Ya,Xb,Yb,S,T)
    v = Xb - Xa   '计算 A 点至 B 点的 X 坐标增量
    u = Yb - Ya   '计算 A 点至 B 点的 Y 坐标增量
    S = Sqr(v * v + u * u)  '计算 A 点至 B 点的边长
    If v = 0 Then   '计算 A 点至 B 点的方位角
      T = Sgn(u) * 90
    Else
      T = Atn(u / v) / PI * 180
      If v < 0 Then
          T = DMS(T + 180)
          Exit Sub
      End If
    End If
    T = DMS(T - Int(T / 360) * 360)
End Sub
```

4.2　**参数及变量说明**

Xa, Ya——形式参数，已知点 A 的 X 和 Y 坐标；

Xb, Yb——形式参数，已知点 B 的 X 和 Y 坐标；

S——形式参数，用于返回 A、B 两点的距离；

T——形式参数，用于返回 A 点至 B 点的方位角，以“度.分秒”的形式输出；

DMS( )——自定义的 Function 过程，见本章第五节的相关内容；

PI——常量，PI = 3.1415926，可在程序中的模块段进行声明。

第七节　矩阵运算

矩阵是处理工程数据的一个重要数学工具。在测量数据的内业计算中，特别是测量平差中，大量运用了矩阵的各种运算，诸如矩阵的乘法、矩阵的转置、矩阵的求逆等计算方法。本节主要针对测量数据计算中常用的矩阵运算过程，讲述如何用计算机程序来实现这些算法，并提供算法的程序代码。

1　实矩阵相乘

1.1　**程序功能**

计算 $m \times L$ 阶矩阵 A 与 $L \times n$ 阶矩阵 B 的乘积矩阵 $C = AB$，C 矩阵为 $m \times n$ 阶。

1.2　**数学模型与方法说明**

乘积矩阵 C 中的各元素为

$$c_{ij} = \sum_{k=1}^{L} a_{ik} b_{kj}$$

其中 $i=1,2,3,\cdots,m;j=1,2,3,\cdots,L$。例如：

$$C = A \times B = \begin{bmatrix} 1 & 2 \\ 5 & 3 \\ 3 & 1 \\ 2 & 2 \end{bmatrix} \times \begin{bmatrix} -1 & -2 & 3 \\ 1 & 2 & 1 \end{bmatrix}$$

$$= \begin{bmatrix} 1\times(-1)+2\times1 & 1\times(-2)+2\times2 & 1\times3+2\times1 \\ 5\times(-1)+3\times1 & 5\times(-2)+3\times2 & 5\times3+3\times1 \\ 3\times(-1)+1\times1 & 3\times(-2)+1\times2 & 3\times3+1\times1 \\ 2\times(-1)+2\times1 & 2\times(-2)+2\times2 & 2\times3+2\times1 \end{bmatrix}$$

1.3 子程序及语句代码

```
Sub drmul(a() As Double,b() As Double,c() As Double)
    m = UBound(a,1)   '提取 A 矩阵的“行”上标值
    l = UBound(a,2)    '提取 A 矩阵的“列”上标值
    n = UBound(b,2)   '提取 B 矩阵的“列”上标值
    For i = 1 To m
        For j = 1 To n
            c(i,j) = 0
            For k = 1 To l
                c(i,j) = c(i,j) + a(i,k) * b(k,j)
            Next k
        Next j
    Next i
End Sub
```

1.4 参数及变量说明

a( )——实型二维数组，其阶数为 m×l，存放矩阵 A 的元素；

b( )——实型二维数组，其阶数为 l×n，存放矩阵 B 的元素；

c( )——实型二维数组，其阶数为 m×n，返回矩阵乘积 C=AB 的元素；

m——实型变量，矩阵 A 行数，也是矩阵乘积 C=AB 的行数；

l——实型变量，矩阵 A 列数，也是矩阵 B 的行数；

n——实型变量，矩阵 B 列数，也是矩阵乘积 C=AB 的列数。

在调用子程序时，定义数组的下界值为 1，即在声明段使用“Option Base 1”语句。

2 矩阵转置

2.1 程序功能

将 $m\times n$ 阶的矩阵 A 的行和列互换，得到 $n\times m$ 阶的矩阵 AT，AT 称为 A 的转置矩阵。

2.2 数学模型与方法说明

转置矩阵 AT 中的元素为:

$$at_{ij} = a_{ji}$$

其中 at_{ij} 为转置矩阵 AT 中的元素,a_{ji} 为矩阵 A 中的元素,$i = 1,2,3,\cdots,m;j = 1,2,3,\cdots,n$。例如:

$$A = \begin{bmatrix} 1 & 2 \\ 3 & 4 \\ 5 & 6 \end{bmatrix} \qquad AT = \begin{bmatrix} 1 & 3 & 5 \\ 2 & 4 & 6 \end{bmatrix}$$

2.3 子程序及语句代码

矩阵转置子程序为 Sub drat (a( ), at( )),在子程序中用 UBound( )函数来取被转置数组的行和列的上界。

子程序代码如下:

```
Sub drat(A() As Double,AT() As Double)
    m = UBound(A,1)   '提取 A 矩阵的"行"上标值
    n = UBound(A,2)   '提取 A 矩阵的"列"上标值
    For i = 1 To m
        For j = 1 To n
            AT(j,i) = A(i,j)
        Next j
    Next i
End Sub
```

2.4 参数说明

A( )——实型二维数组,其阶数为 m×n,存放矩阵 A 的元素;

AT( )——实型二维数组,其阶数为 n×m,返回转置矩阵 AT 的元素。

在调用子程序时,定义数组的下界值为 1,即在声明段使用"Option Base 1"语句。

3 实矩阵求逆

3.1 程序功能

本程序采用高斯-约当(Gauss-Jordan)法求解 n 阶实矩阵 A 的逆阵 A^{-1}。如果矩阵 A 为奇异阵,则在屏幕上显示"矩阵不能求逆"提示,并中止程序的运行。

3.2 数学模型和方法说明

高斯-约当法求逆的步骤如下。

对于矩阵 $\underset{n\times n}{A}$ 而言,首先作以下几步计算:

(1)从第 k 行、第 k 列开始的右下角子阵中选取绝对值最大的元素,并记住此元素所在的行号和列号,再通过行交换与列交换将它交换到主元素位置上。这一步称为全选主元。

(2)$1/a_{kk} \to a_{kk}$。

(3) $a_{kj}a_{kk} \to a_{kj}$; $j=1,2,\cdots,n$; $j \neq k$。

(4) $a_{ij} - a_{ik}a_{kj} \to a_{ij}$; $i,j=1,2,\cdots,n$; $j \neq k$。

(5) $-a_{ik}a_{kk} \to a_{ik}$; $i=1,2,\cdots,n$; $i \neq k$。

最后,根据在全选主元过程中所记录的行、列交换的信息进行恢复,恢复的方法如下:

在全选主元过程中,先交换的行、列后进行恢复;原来的行(列)交换用列(行)交换来恢复。

3.3 子程序及语句代码

```
Sub MatInv(a() As Double)
    n = UBound(a,1)
    ReDim ii(n),jj(n)
    For k = 1 To n
        d = 0!
        For i = k To n
            For j = k To n
                p = Abs(a(i,j))
                If p > d Then
                    d = p: ii(k) = i: jj(k) = j
                End If
            Next j
        Next i
        If (d + 1!) = 1! Then
            MsgBox "矩阵不能求逆!",vbCritical,"出错"
            Exit Sub
        End If
        If ii(k) < > k Then
            For j = 1 To n
                p = a(k,j): a(k,j) = a(ii(k),j): a(ii(k),j) = p
            Next j
        End If
        If jj(k) < > k Then
            For i = 1 To n
                p = a(i,k): a(i,k) = a(i,jj(k)): a(i,jj(k)) = p
            Next i
        End If
        a(k,k) = 1! / a(k,k)
        For j = 1 To n
            If j < > k Then a(k,j) = a(k,j) * a(k,k)
        Next j
```

```
            For i = 1 To n
                If i <> k Then
                  For j = 1 To n
                    If j <> k Then
                        a(i,j) = a(i,j) - a(i,k) * a(k,j)
                    End If
                  Next j
                End If
            Next i
            For i = 1 To n
                If i <> k Then
                  a(i,k) = -a(i,k) * a(k,k)
            Next i
        Next k

        For k = n To 1 Step -1
            If jj(k) <> k Then
                For j = 1 To n
                    p = a(k,j): a(k,j) = a(jj(k),j): a(jj(k),j) = p
                Next j
            End If
            If ii(k) <> k Then
                For i = 1 To n
                    p = a(i,k): a(i,k) = a(i,ii(k)): a(i,ii(k)) = p
                Next i
            End If
        Next k
    End Sub
```

3.4 子程序参数及变量说明

a()——实型二维数组，其阶数为 n×n。存放原矩阵 A，返回时存放其逆阵 A^{-1}。

n——实型变量，矩阵 A 的阶数。

ii(),jj()——实型一维数组，其阶数为 n，子程序的工作数组。

注意：调用子程序后，如果实矩阵 A 不是奇异阵，则数组 A 中原来的数据将被改写，数组 A 存放 A^{-1} 的计算结果。如果实矩阵 A 是奇异阵，则提示相关信息，并中止程序的运行。

提示：MatrixVB 提供一整套矩阵运算及显示的功能，推荐使用该插件。

练 习 题

3-1 编写一个 Function 函数过程,实现度分秒到弧度的计算。

3-2 编写一个 Sub 子过程,实现测边交会的计算。

3-3 设计进行四等水准测量测站计算的一个子程序,输出测站计算中的各项计算值。

3-4 编制计算三角高程的 Function 函数,根据三角高程测量的观测值,输出计算值。

3-5 编制计算三角形闭合差的 Function 函数,输出闭合差的计算值。

3-6 求 4×2 阶矩阵 A 与 2×3 阶矩阵 B 的矩阵乘积 $C = AB$,其中:

$$A = \begin{bmatrix} 1 & 2 \\ 5 & 3 \\ 3 & 1 \\ 2 & 2 \end{bmatrix} \qquad B = \begin{bmatrix} -1 & -2 & 3 \\ 1 & 2 & 1 \end{bmatrix}$$

试编制一个主程序,调用本章第七节的矩阵相乘子程序,并输出计算结果。

3-7 求以下 4 阶矩阵 A 的逆矩阵,并计算 AA^{-1} 以检验其结果的正确性。

$$A = \begin{bmatrix} 0.2368 & 0.2471 & 0.2568 & 1.2671 \\ 1.1161 & 0.1254 & 0.1397 & 0.1490 \\ 0.1582 & 1.1675 & 0.1768 & 0.1871 \\ 0.1968 & 0.2071 & 1.2168 & 0.2271 \end{bmatrix}$$

试编制一个主程序,调用本章第七节的实矩阵求逆子程序,并输出计算结果。

3-8 结合本章对过程的应用情况,试讨论如何设计 Function 函数和 Sub 子过程,用于常规的测量数值计算。

3-9 请自行上机设计一个实例,试讨论变量的作用域。

第四章　Windows GUI 编程概述

本章主要介绍了面向对象编程的基本概念，通过学习应了解与对象有关的事件、属性和方法的基本定义与用法，掌握 Visual Basic 窗体的启动、终结的步骤与操作方法。学习本章时，请留意“Basic 是一门语言，VB 是一个环境”所说的“环境”的细节。

第一节　基于对象事件的消息响应机制

何谓 Visual Basic？“Visual”指的是开发图形用户界面（GUI）的方法。不需编写大量代码去描述界面元素的外观和位置，而只要把预先建立的对象添加到屏幕上一定的位置即可。用户界面的设计，只要能满足应用之需，具备最起码的美感就行，不需要很高级的技巧。

“Basic”指的是 Basic（Beginners All－Purpose Symbolit Instruction Code）语言，一种在计算技术发展历史上应用得最为广泛的语言。

Visual Basic 在原有 Basic 语言的基础上进一步发展，至今包含了数百条语句、函数及关键词，其中很多和 Windows GUI 有直接关系。专业人员可以用 Visual Basic 实现其他任何 Windows 编程语言的功能，而初学者只要掌握几个关键词就可以建立实用的应用程序。

Visual Basic 不仅是 Visual Basic 编程语言，Visual Basic 编程系统和 VBA 都使用这一语言。Visual Basic Scripting Edition（VBScript）是广泛使用的脚本语言，它是 Visual Basic 语言的子集。这样，在学习 Visual Basic 中得到的经验可应用到所有这些领域中。

全面地讨论 Windows 的内部工作机制将需要整整一本书的容量。没有必要深入了解所有的技术细节。Windows 的工作机制，简单地说，就是三个关键的概念：窗口、事件和消息。

不妨简单地将窗口看做带有边界的矩形区域。你也许已经了解几种不同类型的窗口，如 Windows 95 的资源管理器窗口、文字处理程序中的文档窗口或者弹出提示含不同信息的对话框。除这些最普通的窗口外，实际上还有许多其他类型的窗口。命令按钮是一个窗口，图标、文本框、选项按钮和菜单条也都是窗口。

Microsoft Windows 操作系统通过给每一个窗口指定一个唯一的标识号（窗口句柄或 hWnd）来管理所有的窗口。操作系统连续地监视每一个窗口的活动或事件的信号。事件可以通过诸如单击鼠标或按下按键的操作而产生，也可以通过程序的控制而产生，甚至可以由另一个窗口的操作而产生。

每发生一次事件，将引发一条消息发送至操作系统。操作系统处理该消息并广播给其他窗口。然后，每一个窗口才能根据自身处理该条消息的指令而采取适当的操作（例如，当窗口解除了其他窗口的覆盖时，重显自身窗口）。

可以想象,处理各种窗口、事件和消息的所有可能的组合将有惊人的工作量。幸运的是,Visual Basic 使编程者摆脱了所有的低层消息处理。许多消息由 Visual Basic 自动处理了,其他的作为事件过程由编程者自行处理。这样可以快速创建强大的应用程序而无须涉及不必要的细节。

事件是窗体或控件识别的动作。在响应事件时,事件驱动应用程序执行 Basic 代码。Visual Basic 的每一个窗体和控件都有一个预定义的事件集。如果其中有一个事件发生,而且,在关联的事件过程中存在代码,则 Visual Basic 调用该代码。

尽管 Visual Basic 中的对象自动识别预定义的事件集,但要判定它们是否响应具体事件以及如何响应具体事件则是编程者的责任了。代码部分(即事件过程)与每个事件对应。想让控件响应事件时,就把代码写入这个事件的事件过程之中。

对象所识别的事件类型多种多样,但多数类型为大多数控件所共有。例如,大多数对象都能识别 Click 事件——如果单击窗体,则执行窗体的单击事件过程中的代码;如果单击命令按钮,则执行命令按钮的 Click 事件过程中的代码。每个情况中的实际代码几乎完全不一样。

这里是事件驱动应用程序中的典型事件序列:

➢ 启动应用程序,装载和显示窗体。
➢ 窗体(或窗体上的控件)接收事件。事件可由用户引发(例如键盘操作),可由系统引发(例如定时器事件),也可由代码间接引发(例如,当代码装载窗体时的 Load 事件)。
➢ 如果在相应的事件过程中存在代码,就执行代码。
➢ 应用程序等待下一次事件发生。

第二节　对象的事件、属性与方法三要素

Visual Basic 的控件具有自己的事件、属性和方法,可以把属性看做一个对象的性质,把事件看做对象的响应,把方法看做对象的动作,它构成了对象的三要素。

1　事件(Event)及事件过程(Event Procedure)

我们把生成的对象所要完成的任务,即对象响应的动作称为事件。每个对象都有一系列预先定义好的对象事件。例如鼠标单击(Click)、双击(DblClick)、改变(Change)、获取焦点(GetFocus)、键盘按下(KeyPress),等等。对象与对象之间、对象与系统之间及对象与程序之间的通信都是通过事件来进行的。例如,窗体上有一个名为“Command1”的命令按钮对象,当鼠标指针被移动时,系统将跟踪鼠标指针的位置,当鼠标在该对象上单击一下时,系统跟踪到指针所指的对象上,并给该对象发送一个 Click 事件,同时向程序传达一个 Command1_Click 事件,如果我们编写一个处理 Command_Click 事件的程序代码即事件过程,系统则执行这个代码所描述的过程。执行结束以后,控制权又交还给系统,并等待下一个事件。

事件过程是指附在该对象上的程序代码,是事件的处理程序。事件过程的代码格式

如下：

```
Sub 对象名_事件过程名[(参数列表)]
    …(事件过程代码)
End Sub
```

例如，单击"Command1"命令按钮，使窗体的标题变为"事件练习"，则对应的事件过程如下：

```
Sub Command1_Click( )
    Form1.Caption = "事件练习"   '设置窗体的标题为"事件练习"
End Sub
```

在 Visual Basic 中，程序设计者不必考虑对象名和事件之间的关系，因为当你建立好对象后，Visual Basic 会自动定义好与该对象对应的事件，用户只要直接选用即可。要对事件过程进行编程，必须进入代码窗口。

注意：对每个对象，Visual Basic 系统事先已定义好一系列事件集，要判定它们是否响应具体事件以及如何响应具体事件，则是编程者的责任。例如，当用户单击某个对象，Click 事件发生时，MouseDown、MouseMove 事件也发生了，如果让系统响应 Click 事件，就把代码写入事件过程中，对其他事件不编程，也就没有响应了。

事件代码一旦生成，也就有了一个代码框架，你只管在中间定义局部变量，使用变量运算，给控件属性赋值，对于控件方法等，填写代码，完成一定的任务。代码框架有"封装"的意义，完全符合"模块化"的思想。

2 属性(Property)

对象中的数据就保存在属性中，所有 Visual Basic 程序中的对象都有许多属性，它们是用来描述和反映对象特征的参数，例如控件名称(Name)、标题(Caption)、颜色(Color)、字体(FontName)及是否可见(Visible)等属性决定了对象展现给用户的界面具有什么样的外观及功能。不同的对象具有各自不同的属性，用户可通过联机帮助查阅。

对象属性的设置可以通过两种方法来做：

(1)在设计阶段利用属性窗口设置对象的属性。

(2)在程序代码中通过赋值实现，其格式为

对象.属性名称 = 属性值

例如，给一个对象名为"Command1"的命令按钮的"Caption"属性赋值为字符串"确定"，其在程序代码中的书写形式为

```
Command1.Caption = "确定"
```

3 方法(Method)

面向对象的程序设计语言，为程序设计人员提供了一种特殊的过程和函数(称为方法)。在 Visual Basic 中已将一些通用的过程和函数编写好并封装起来，作为方法供用户直接调用，这给用户的编程带来了很大的方便。因为方法是面向对象的，所以在调用时一

定要指明对象。对象方法的调用格式为

[对象.]方法[参数列表]

其中:省略了对象,表示在当前对象,一般指窗体。例如:

```
Form1.Print"欢迎使用测量平差计算系统!"
```

此语句使用 Print 方法在“Form1”窗体中显示字符串“欢迎使用测量平差计算系统!”。

不太“官方”的总结是:事件是代码框架,方法是动作(动词),属性是一个值。

第三节 Visual Basic 窗体的启动与终结

Visual Basic 中,窗体是第一个对象,它既是一个独立的对象,具有专门的事件、属性和方法,同时又是其他控件的载体,窗体上的控件的行为往往受制于窗体。

例如,窗体未 Show,其上的控件就不能 SetFocus,控件的事件也就难以发生。

Visual Basic 基于 Form 的封装,为我们隐藏了构建 Windows 程序的几乎所有细节,我们只需要了解 Form 窗体的加载和卸载的过程事件,即可了解一个窗体构建的全流程,当然,根据需要,便可将程序初始化的代码或退出时清理程序的代码加入相应的事件中。

请创建一个只有 Form1 的 EXE 应用,填上如下代码:

```
Private Sub Form_Initialize()
    MsgBox 1
End Sub
Private Sub Form_Load()
    MsgBox 2
End Sub
Private Sub Form_Resize()
    MsgBox 3
End Sub
Private Sub Form_Paint()
    MsgBox 4
End Sub

Private Sub Form_Unload(Cancel As Integer)
    MsgBox 11
End Sub
Private Sub Form_Terminate()
    MsgBox 12
End Sub
```

先运行程序,再关闭信息框,从 MsgBox 的数字顺序,你便可了解 VB 窗体的启动与终结。结论是：

(1)启动时，要按顺序加载事件：

①Form_Initialize；

②Form_Load；

③Form_Resize；

④Form_Paint。

(2)终结时，要按顺序加载事件：

①Form_Unload；

②Form_Terminate。

还有一些事件是窗体所特有的，请在使用时揣摩。

特别地，将窗体的 KeyPreview 属性设置为 True，你便可以获得键盘事件"冒泡"，集中处理窗体上控件的键盘事件了。

第四节 对象的常用事件：键盘、鼠标、焦点

事件(Event)是指能够被一个对象识别的一种行为。比如，按下某一个键、单击一下鼠标键都可构成 VB 的一个事件。

通常在设计时把一段完成某一个或多个功能的程序定义为与某一个对象相关的事件子程序，在运行时，一旦该对象识别了某一事件(行为的发生)，系统就导向相关的事件子程序去执行。这种机制被称为事件驱动的程序设计。

事件是 VB 程序运行的依据，这是与传统的程序设计中程序运行的重要区别之一。在传统的程序设计中，程序的运行是依据程序语句的(行号)顺序和事先设计的流程算法来运行的。而用 VB 设计的程序只是在局部范围内(子程序和自定义函数的过程中)依据语句的先后顺序来运行，更多的是依据人机交互界面的任意一个对象能够识别的任意一种行为，这些都可能引起某一段程序的运行。

VB 中所使用的事件有 50 多个，可以分为键盘类、鼠标类、光标类等类型。本节主要介绍一些常用的事件的程序设计方法。

1 键盘事件程序设计

键盘是计算机必不可少的输入设备之一，因此在 Visual Basic 程序中，当用户通过键盘输入信息时，计算机能检测并作出响应是一件相当重要的事情。

键盘事件是由操作者通过键盘的操作行为引发的事件。

键盘事件有 KeyPress(按键)、KeyDown(按下键)、KeyUp(放开键)3 个。

1.1 KeyPress(按键)事件

1.1.1 事件描述

当操作者按下和放开键盘上任意键时发生此事件，并返回所按下的键码值。

1.1.2 事件引导语法

Private Sub 对象名_KeyPress([Index As Integer,]KeyAscii As Integer)

End Sub

1.1.3 说明

当对象为对象数组时,Index 传回该对象的 Index 值,KeyAscii 传回所按下的 ANSI(American National Standard Institude)代码。

1.1.4 应用举例

【例 4-1】 编一程序,当操作者从键盘输入一个字符时,显示所输入的按键及其 ANSI 码。

目的:了解 KeyPress 事件的作用。

所需对象及属性设置:

对象	属性及属性值
Form1	Caption = KeyPress 示例
Label1	Caption = 按键
Label2	Caption = 　　　　　'准备显示键符
	BorderStyle = 1
	Alignment = 2 　　　'使标题位于中间
Label3	Caption = ANSI 码
Label4	Caption =
	BorderStyle = 1
	Alignment = 2

对象安排:按键事件对象设置如图 4-1 所示。

图 4-1　按键事件对象设置

程序代码:

```
Private Sub Form_KeyPress(KeyAscii As Integer)
    Label2.Caption = Chr(KeyAscii)
    Label4.Caption = KeyAscii
End Sub
```

运行结果:当按“A”键时,结果显示如图 4-2 所示。

1.2 KeyDown 和 KeyUp 事件

1.2.1 事件描述

当用户按下键时,发生 KeyDown 事件;当用户放开键时,发生 KeyUp 事件,并在发生

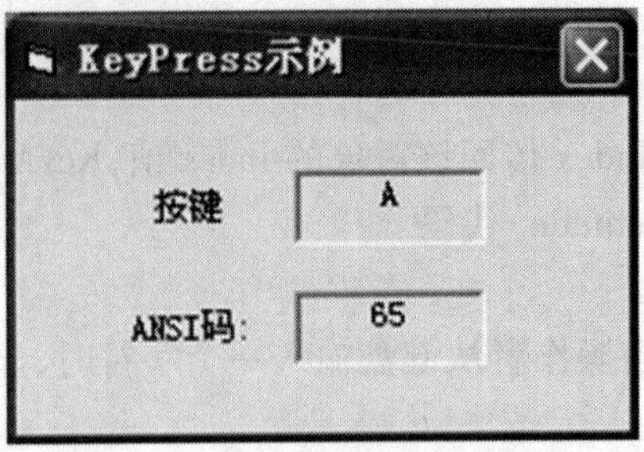

图 4-2 按"A"键时的运行界面

事件时传回键的值以及是否同时伴有 Shift、Ctrl 及 Alt 等控制键和功能键。

1.2.2 事件引导语法

Private Sub 对象名_KeyDown(KeyCode As Integer, Shift As Integer)

Private Sub 对象名_KeyUp(KeyCode As Integer, Shift As Integer)

1.2.3 说明

KeyCode 传回用户所按的代码值;Shift 传回在发生此事件时是否同时按下了 Shift、Ctrl 和 Alt 键的状态值,其中 Shift 键为 1;Ctrl 键为 2;Alt 键为 4。三者也可同时并用,如 Ctrl + Alt 键为 6,Ctrl + Shift 键为 3。这两个事件与 KeyPress 事件的区别在于:KeyPress 传回的是按键的 ANSI 值;KeyDown 和 KeyUp 传回的是键码。键码指键盘上的每一个键都有一个代码,如 Home、F1、F2、Del 和 Shift、Alt 等功能键和控制键。因此,操作者要想看是否按了 F1、Home、End 等键,只能使用 KeyDown 和 KeyUp 事件,而不能使用 KeyPress 事件。

注意:KeyDown 和 KeyPress 事件都是对应按下一个键的动作,因此当操作者按下一键时,这两个事件都会发生;同理,当放开一个键时,KeyPress 和 KeyUp 两个事件也都会发生;同样,对于按下及放开一个键的连续动作,会引发这 3 个事件,它们先后的顺序是 KeyDown、KeyUp 和 KeyPress;除非按的只是一个功能键或一个控制键,才不引起 KeyPress 事件,而只产生 KeyDown 和 KeyUp 事件。所以,设计时,要注意事件过程的内容,避免冲突。

1.2.4 应用举例

【例 4-2】 编一程序,能够根据按下、放开一个键的过程分别显示对应不同事件的键符和键值。

目的:了解 KeyDown 和 KeyUp 事件的应用。

所需对象及属性设置:

对象	属性及属性值	
Form1	Caption = KeyDown、KeyPress、KeyUp 事件示例	
	FontSize = 14	
Label1	Caption = 按键	
Label2	Caption =	'准备显示键符
	BorderStyle = 1	
	Alignment = 2	'使标题位于中间

Label3	Caption = KeyPress
Label4	Caption =
	BorderStyle = 1
	Alignment = 2
Label5	Caption = KeyDown
Label6	Caption =
	BorderStyle = 1
	Alignment = 2
Label7	Caption = KeyUp
Label8	Caption =
	BorderStyle = 1
	Alignment = 2
Label9	Caption = Shift
Label10	Caption = Shift

对象设置:如图 4-3 所示。

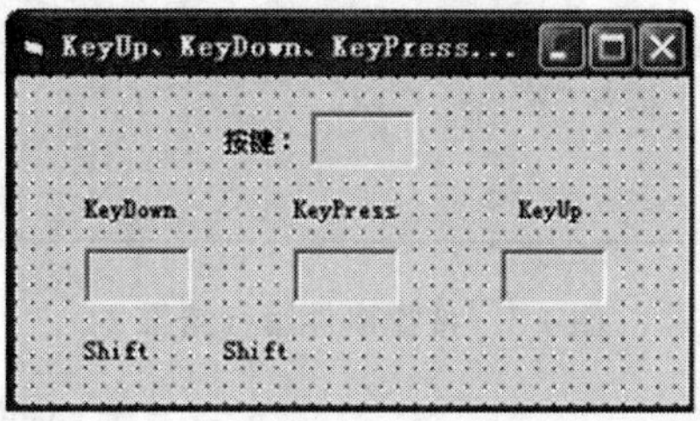

图 4-3　按键事件对象设置示例

程序代码:

```
Private Sub Form_KeyDown( KeyCode As Integer, Shift As Integer)
  Label6. Caption  =  KeyCode
  Label9. Caption  =  Shift
  Label2. Caption  =  Chr $( KeyCode)
End Sub
Private Sub Form_KeyPress( KeyAscii As Integer)
  Label4. Caption  =  KeyAscii
End Sub
Private Sub Form_KeyUp( KeyCode As Integer, Shift As Integer)
  Label8. Caption  =  KeyCode
  Label10. Caption  =  Shift
End Sub
Private Sub Form_Load( )
  Form1. Show
End Sub
```

运行结果:运行过程中按下“A”键,窗口如图 4-4 所示。

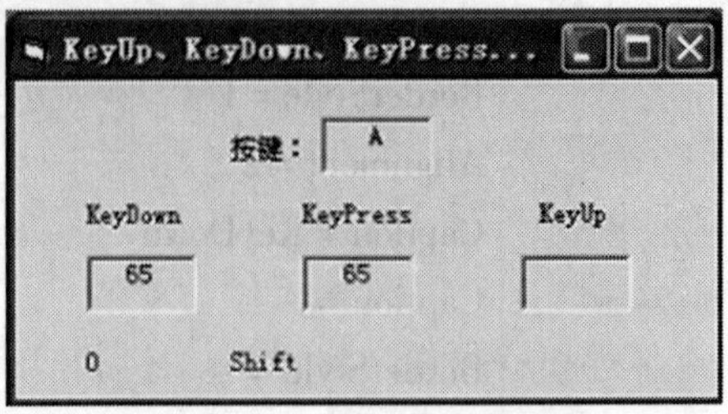

图 4-4　按键事件运行结果 1

由此过程可知,KeyDown 和 KeyPress 事件在键按下时发生,KeyUp 事件在放开按键时发生,按一个键的连续过程可以引发这 3 个事件。因为没有按控制键,Shift 栏内变为 0。读者可以试按其他键与控制键相结合并看其显示效果。

放开“A”键时,窗口如图 4-5 所示。

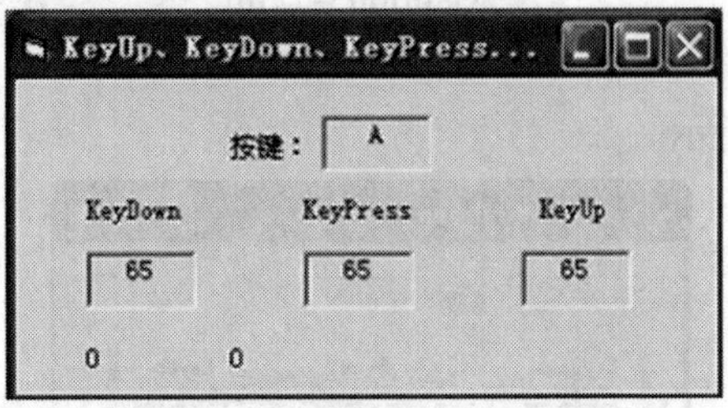

图 4-5　按键事件运行结果 2

2　鼠标事件程序设计

和键盘一样,鼠标也是计算机必不可少的输入设备之一,它比键盘的操作更简便、更灵活。在许多应用程序中,鼠标的使用是很普遍的,在 Visual Basic 程序设计中,鼠标应用的设计相当重要。鼠标应用的设计主要是如何检测鼠标的输入操作和相应由鼠标的操作而引起的事件过程,简称为鼠标事件设计。

鼠标一般有 2 个或 3 个按键。2 个键的鼠标按键分别为左键和右键;3 个键的鼠标按键分别为左键、中间键和右键。响应鼠标事件的应用程序可以根据操作者所按的不同键去响应不同的事件过程。为了扩大鼠标的功能和灵活性,在对鼠标操作的同时,还可伴随 Shift、Ctrl 和 Alt 控制键的使用。当然,在检测鼠标操作按键的同时,也要检测伴随的控制键。

常用的鼠标事件有 Click、DblClick、MouseDown、MouseMove、MouseUp。

2.1　Click(单击鼠标)事件

2.1.1　事件描述

当鼠标的光标落在某一个对象上时,单击鼠标左键或右键,产生这一事件。但是对于 CommandButton、CheckBox 和 OptionButton 对象,只有单击鼠标左键时才会引导此事件。

2.1.2　事件引导语法

Private Sub 对象名_Click( )

2.2 DblClick(双击鼠标)事件

2.2.1 事件描述

当鼠标的光标落在某一个控制对象上时,双击鼠标左键或右键,产生这一事件。产生这一事件的同时,也会产生 Click 事件。

2.2.2 事件引导语法

Private Sub 对象名_DblClick( )

2.3 MouseDown、MouseMove、MouseUp 事件

2.3.1 事件描述

MouseDown 事件在操作者按下鼠标任意键时发生。

MouseMove 事件在鼠标移动时发生。

MouseUp 事件在操作者放开任意键时发生。

2.3.2 事件引导语法

```
Private Sub 对象名_MouseDown(Button As Integer, Shift As Integer,X As Single, _
                                                              Y As Single)

Private Sub 对象名_MouseMove(Button As Integer, Shift As Integer, X As Single, _
                                                              Y As Single)

Private Sub 对象名_MouseUp(Button As Integer, Shift As Integer,X As Single,_
                                                              Y As Single)
```

2.3.3 说明

(1)参数 Button 表示传回按下了鼠标的哪一个键。

1 表示按下的是鼠标的左键;

2 表示按下的是鼠标的右键;

4 表示按下的是鼠标的中间键。

只有 MouseMove 事件时,左、中、右键可以同时或混合使用来引发事件。例如:同时按下鼠标的中间键和右键,其 Button 值为 6,也产生事件;若同时按下左键和右键,则 Button 值为 3,也产生事件。

(2)参数 Shift 表示传回在操作者按下鼠标键的同时,是否按下了控制键。

1 表示按下了 Shift 键;

2 表示按下了 Ctrl 键;

4 表示按下了 Alt 键。

此处 3 个控制键可以单个按下,也可以混合使用,都能产生事件。例如:同时按 Ctrl 和 Alt 键,其 Shift 值为 6;若同时按下 Shift 和 Alt 键,其 Shift 值为 5;若 3 个键都按下,则 Shift 值为 7。

(3)参数 X,Y 传回在按鼠标事件发生时,鼠标光标所在的坐标值。

(4)这 3 个事件与 Click、DblClick 事件不能检测此 3 个控制键,也不能分辨鼠标的左、右键。因此,要检测是否按下了 Shift、Ctrl 和 Alt 键以及分辨鼠标的左、右键,不能使用

Click 和 DblClick 事件。

(5)操作者对鼠标的一个连贯操作动作,可以引发多个鼠标事件的发生。例如:操作者按下鼠标的一个键然后松开,可以引起 Click、MouseDown 和 MouseUp 这 3 个事件的发生,若在按下和放开的过程中,鼠标的位置有变化,还会引发 MouseMove 事件。因此,设计时要注意避免可能的冲突。

想一想,在 AutoCAD 绘图中,在不同的地方按鼠标的左、中、右键,外加 Shift 或 Ctrl 键配合,得到不同的菜单或执行不同的操作,均是由鼠标事件完成的。

2.4 应用举例

【例 4-3】 编一程序,当按下鼠标某一个键时,能显示鼠标的坐标位置、所按鼠标键号及伴随的控制键值;当移动鼠标时,也能显示鼠标的坐标位置、所按鼠标键号及伴随的控制键值。

目的:了解鼠标事件的应用。

所需对象及属性设置:

对象	属性及属性值
Form1	Caption = 鼠标事件示例
	FontSize = 14
Label1	Caption =
Label2	Caption =
Label3	Caption =
Label4	Caption =
Label5	Caption = X
Label6	Caption = Y
Label7	Caption = Button
Label8	Caption = Shift

对象设置:如图 4-6 所示。

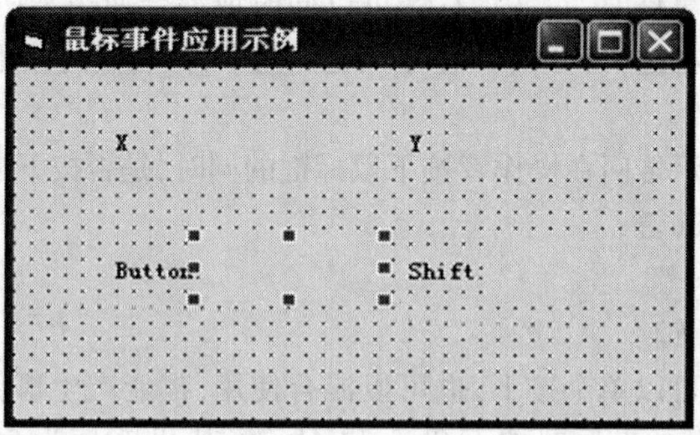

图 4-6 鼠标事件对象设置

程序代码:

```
Private Sub Form_MouseDown(Button As Integer,Shift As Integer,_
                           X As Single,Y As Single)
          Label1. Caption = X
          Label2. Caption = Y
          Label3. Caption = Button
          Label4. Caption = Shift
End Sub

Private Sub Form_MouseMove(Button As Integer,Shift As Integer,_
                           X As Single,Y As Single)
          Label1. Caption = X
          Label2. Caption = Y
          Label3. Caption = Button
          Label4. Caption = Shift
End Sub
```

执行结果:执行后,随着鼠标的移动,窗体中"X"和"Y"后的数字在不断变化。若按下鼠标右键并同时按下 Shift 和 Alt 键,结果显示如图 4-7 所示。

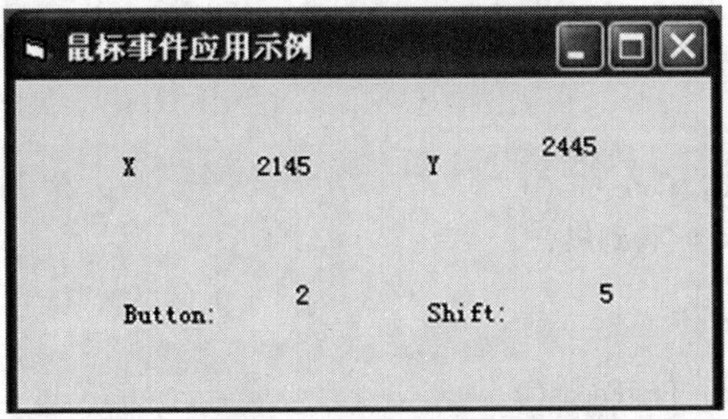

图 4-7　移动鼠标运行结果

3　焦点事件程序设计

焦点是接收用户鼠标或键盘输入的能力。当对象具有焦点时,可接受用户的输入。在 Microsoft Windows 界面,任一时刻可运行几个应用程序,但只有具有焦点的应用程序才有活动标题栏,才能接受用户输入。在有几个 TextBox 的 Visual Basic 窗体中,只有具有焦点的 TextBox 才显示由键盘输入的文本。

当对象得到或失去焦点时,会产生 GotFocus 或 LostFocus 事件。窗体和多数控件支持这些事件。

3.1 GotFocus(得到焦点)事件

3.1.1 事件描述

当一个对象得到光标时发生此事件。

3.1.2 事件引导语法

Private Sub 对象名_GotFocus( )

3.2 LostFocus(失去焦点)事件

3.2.1 事件描述

当操作者将光标从一个对象上移走时发生此事件。

3.2.2 事件引导语法

Private Sub 对象名_LostFocus( )

3.3 应用举例

【例4-4】 编一程序,当光标在两个文本框对象中进行切换时,观察 LostFocus 和 GotFocus 事件的使用。

目的:了解 LostFocus 和 GotFocus 事件的作用。

所需对象及属性设置:

对象	属性及属性值
Form1	Caption = LostFocus、GotFocus 应用示例
Text1	Text =
Text2	Text =

对象设置:利用属性窗口设置焦点事件对象属性,图略。

程序代码:

```
Private Sub Text1_GotFocus()
    Text1.Text ="得到焦点"
End Sub

Private Sub Text1_LostFocus()
    Text1.Text ="失去焦点"
End Sub

Private Sub Text2_GotFocus()
    Text2.Text ="得到焦点"
End Sub

Private Sub Text2_LostFocus()
    Text2.Text ="失去焦点"
End Sub
```

运行结果:运行后,当把光标从 Text1 移动到 Text2 中,再把光标从 Text2 移动到 Text1

中,界面显示如图 4-8 所示。

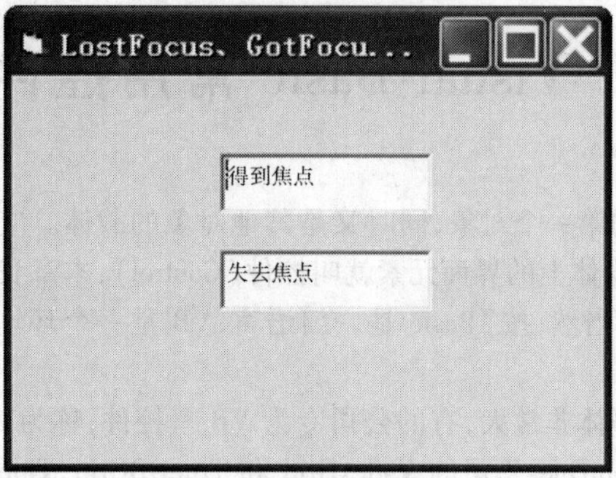

图 4-8　焦点事件运行结果

练 习 题

4-1　Form 有哪些专用事件? 其加载顺序是怎样的?

4-2　以 TextBox 为例,说明有哪些“人工事件”。

4-3　对象的三大要素是什么?

4-4　属性与方法的根本区别在哪里?

第五章 Visual Basic 常用控件的使用

窗体是 VB 程序的第一个对象,同时又是其他对象的载体。应用程序的 Visual 特性依靠窗体展示出来。窗体上的界面元素就叫控件(Control),本章我们重点讨论基本控件的属性、功能和应用。当然,按“Basic 是一门语言,VB 是一个环境”的观点,本章中“环境”的要素居多。

现在 VB 程序员群体非常大,有的公司专为 VB 写控件,称为 ActiveX 控件或第三方 OCX 控件,如 ComponentOne 公司的 VsflexGrid 和 TrueDBGrid,Tidestone 公司的 FormulaOne,MapInfo 公司的 MapX 等。当你学会基本控件的使用后,就能借助第三方控件,使你的应用程序功能更加强大。

第一节 窗 体

1 窗体及其属性

窗体是图形用户界面的基本组成部分,它分为单文档窗体和多文档窗体两种类型。所谓单文档窗体是指每次只能在窗体中打开一个画面,即一个工程只包括一个窗体的程序设计。多文档窗体就是指一次能打开多个画面,即一个工程包含多个窗体的程序设计。

一个工程(应用程序)一般都需要进行数据的输入输出,都需要人机交互的界面,Visual Basic 系统提供的窗体(Form)对象就是一个最基本的输入输出界面,它是标准的 Windows 窗体。

有关 Windows 窗体的各种操作(如移动、改变大小或位置、最小化和退出等),完全适用于 Visual Basic 系统提供的窗体(Form)对象。直接采用 Visual Basic 系统的窗体对象作为人机交互的界面是极其方便的。

在窗体对象中可以直接输出文字、图形,可以放置能够进行控制数据输入输出的其他输入输出工具对象。除此之外,还可以作为引发事件的对象,来引导计算机执行某一段程序。因此,窗体对象是 Visual Basic 程序设计的首选对象。

窗体的主要属性有:

Borderstyle:返回或设置窗体的框线格式;

Caption:设置窗体标题栏中的文本;

ControBox:设定在执行时是否要显示窗体的最大化、最小化、关闭等控制按钮;

Enabled:设定窗体对象是否能对事件(Event)产生回应;

Height:设定窗体对象的高度;

Icon:窗体在执行时,最小化后所呈现的图标;

Left:设置或返回窗体内部左边缘与容器左边缘之间的距离;

MaxButton:设定窗体在执行时是否含有最大化的按钮;

MDIChild:MDIChild 属性用来设定这个窗体是否含有另一个 MDI 子窗体;

MinButton:设定窗体在执行时是否含有最小化按钮;

Movable:设定窗体是否可以移动;

Name:窗体对象的名称;

Picture:设定窗体要显示的图片;

Visible:设定窗体对象执行后是显示还是隐藏;

Width:设定窗体对象的宽度;

WindowsState:设定窗体在执行时的状态。

这里只列出了窗体诸多属性中的一小部分,没有列出的属性及每个属性的值域可参看窗体对象的属性窗口。

在工程创建过程中,我们根据需要可以创建单窗体工程和多窗体工程,具体创建过程如下。

2 单窗体工程设计

因为单窗体程序设计的工程只包含一个窗体,工程执行时,VB 系统会自动加载这个窗体并执行这个窗体中的程序,所以单窗体程序设计的主要任务为:

(1)设置所需输入输出对象在窗体中的适当位置;

(2)设置各对象的有关属性;

(3)编辑工程中所需的代码;

(4)执行工程,处理结果。

下面通过具体实例来介绍单窗体工程设计的过程。

【例 5-1】 试设计一个工程,其中包括一个窗体,窗体的标题为"坐标转换计算",其背景图片为一个地球(或你喜欢的图片),当用户单击窗体时,窗体上显示"欢迎使用坐标转换界面!",双击窗体时,退出窗体。

第一步,新建一个工程,窗体会自动加载到该工程中。

第二步,在属性窗口中对该窗体的属性进行设置。

Caption:坐标转换计算;

Picture:c:\picture\earth. bmp,代表背景图片存放的路径,可以根据自己的喜好选择图片(. bmp、. jpg、. wmf 等)。

第三步,定义相应的事件,并编写程序代码。

```
Private Sub Form_Click( )
    Me. Print "欢迎使用坐标转换界面!"
End Sub

Private Sub Form_DblClick( )
    End
End Sub
```

按 F5 键运行程序：开始运行后，窗体加载时，属性窗口中设置的属性值产生作用，窗体的标题显示为"坐标转换计算"，同时窗体的背景显示出你指定的图片，当单击窗体后，窗体中显示"欢迎使用坐标转换界面！"字样，双击窗体后，窗体界面消失，程序结束运行。

3 多窗体工程设计

在一个工程包含多个功能、所处理的问题有多个、数据的输入输出对象不宜在同一个窗体内的情况下，可以使用多个窗体来进行程序设计。

在 Visual Basic 中，一个窗体相当于一个功能模块，它包括这个窗体所设置的各个对象、对象的属性以及给模块的程序代码，VB 系统用一个单独的窗体文件（扩展名为.frm）来保存每一个窗体模块的内容数据。因此，在设计时，应按功能模块或问题的类型设计各个窗体模块。

3.1 窗体连接

各个窗体模块之间是平等的，彼此之间可以相互调用。例如，有 A、B、C 共 3 个窗体模块，在 A 模块中，可以含有调用 B、C 模块中的指令；在 B 模块中，可以含有调用 A、C 模块中的指令；在 C 模块中，可以含有调用 A、B 模块中的指令。在窗体 A 中调用 B 一般采用"Show"方法。假设窗体 A 的窗体名为 FormA，窗体 B 的窗体名为 FormB，则在窗体 A 的程序代码中应包括指令或语句：

```
FormB. Show
```

当执行窗体 A 中的语句时，系统会把窗体 B 加载到内存，显示窗体 B 的界面为当前窗体，执行窗体 B 的程序代码。这样彼此独立的两个窗体模块就发生了联系，构成一个有机的完整的系统。

3.2 起始窗体设置

起始窗体是指工程被执行时最先执行和显示的窗体。读者可能已经发现了这个问题，即由于一个工程包含多个窗体，那么执行时会先执行哪个窗体呢？如何在多个窗体中指定某一个窗体为工程执行的起始窗体呢？

VB 系统默认在设计阶段最先设置的窗体（通常是 Form1）为起始窗体，如果要指定后来添加的窗体为起始窗体，必须进行起始窗体的设置。

设置起始窗体的步骤如下：

(1)单击"工程(P)"菜单的最后一项"工程 1 属性(E)"，则弹出一个标题为"工程 1 - 工程属性"的对话框，如图 5-1 所示，图中"工程 1"为默认工程名。

(2)单击"启动对象(S)"窗口右端的箭头，在下拉列表框中选择最先执行的窗体名。

(3)单击"确定"按钮。

综上可知，进行多窗体程序设计要包括以下几项工作：

(1)设计各个窗体模块的界面及其程序代码。

(2)在各窗体代码中设置有窗体模块调用的功能操作。

(3)在启动对象中设置起始窗体。

下面通过具体实例来介绍多窗体工程设计的过程。

【例 5-2】 试设计一个工程，具有平方计算功能和平方根计算功能，通过不同的操作

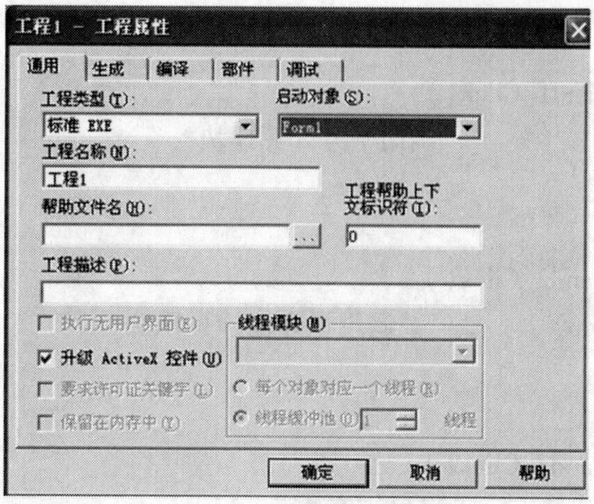

图 5-1　工程属性对话框

界面完成一个数据的平方计算和平方根计算。

工程分析:此工程包含平方计算和平方根计算功能,可以通过两个窗体模块分别实现相应的计算功能。要随意操作上述平方计算和平方根计算功能的窗体,可以再设计一个窗体作为控制窗体,其中包含控制“平方计算”、“平方根计算”及“退出”的操作按钮。

(1)设计控制窗体。

具体设计步骤同例 5-1,各对象的属性值如下:

对象名	属性及属性值
Form1	Caption = 多窗体示例
	Name = kongzhi
Command1	Caption = 平方计算
Command2	Caption = 平方根计算
Command3	Capiton = 退出

所有对象名均采用了系统的默认对象名,其他没有列出的属性及属性值全部保留系统默认的数值。

对象布局如图 5-2 所示。

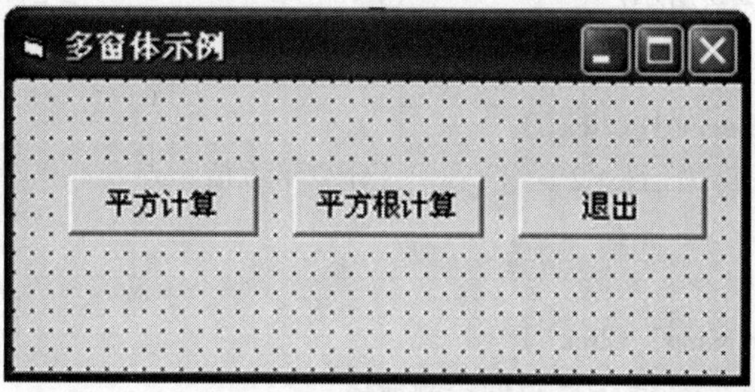

图 5-2　控制窗体对象设置

程序代码：

```
Private Sub Command1_Click()
  Pingfang.Show              '调用平方计算模块
End Sub

Private Sub Command2_Click()
  Pingfanggen.Show              '调用平方根计算模块
End Sub

Private Sub Command3_Click()
  End              '退出该窗体
End Sub
```

保存该窗体模块文件为“kongzhi”。

(2)设计“平方计算”模块。

单击“工程(P)”菜单中的“添加窗体”选项，在弹出的对话框中选择“打开”按钮，则在该工程中新添加了一个新的窗体模块，然后对该模块进行相应的设计如下：

对象名	属性及属性值
Form1	Caption = 平方计算
Label1	Caption = 输入数：
Label2	Caption = 平方值：
Text1	Text =
Text2	Text =
Command1	Caption = 计算
Command2	Caption = 结束

所有对象名均采用了系统默认的对象名，其他没有列出的属性及属性值全部保留系统默认的数值。

对象布局如图 5-3 所示。

程序代码：

```
Private Sub Command1_Click()
  Text2.Text = Text1.Text^2              '计算平方值
End Sub

Private Sub Command2_Click()
  kongzhi.Show              '返回控制窗体
End Sub
```

(3)设计“平方根计算”模块。

图 5-3　平方计算窗体对象设置

重复"平方计算"模块的步骤,设计如下:

对象名	属性及属性值
Form1	Caption = 平方根计算
Label2	Caption = 平方根值:

没有列出的地方与"平方计算"模块相同。

对象布局如图 5-4 所示。

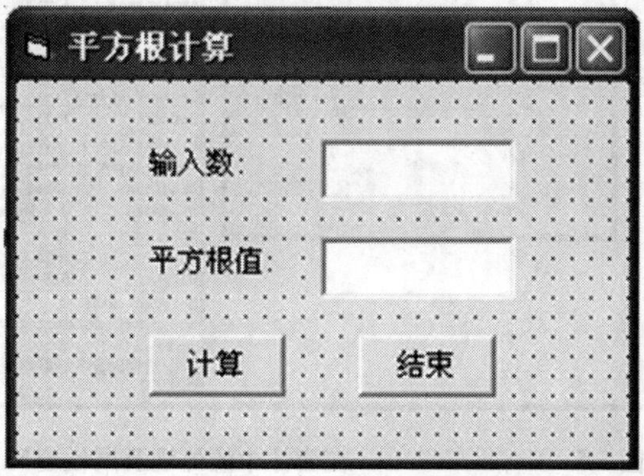

图 5-4　平方根计算窗体对象设置

程序代码:

```
Private Sub Command1_Click( )
  Text2. Text = SQR( Text1. Text)          '计算平方根值
End Sub
```

按钮 2 中的代码同上一窗体。

(4)设置执行的启动窗体。

把控制窗体 kongzhi 作为起始窗体,操作如下:

单击"工程(P)"菜单中的"工程 1 属性"命令,则弹出如图 5-1 所示的工程属性对话框,单击"启动对象"窗口右端的箭头,在下拉列表框中选择"kongzhi",再单击"确定"按钮即可。

这样,包含三个窗体的工程设计完成了。保存工程文件为“duochuangti”。单击“运行”按钮,显示第一个窗体为控制窗体,通过操作不同的按钮,可以完成平方计算和平方根计算功能。大家可以自己测试运算结果。

第二节　命令按钮、标签与文本框

1　CommandButton(命令按钮)

命令按钮主要用来执行某一功能,通常在命令按钮的 Click 事件中编写一程序,当用户用鼠标或键盘按下这个按钮时,就会启动这一段程序,执行某一特定的功能。命令按钮在窗体中的外观及属性窗口如图 5-5 所示。

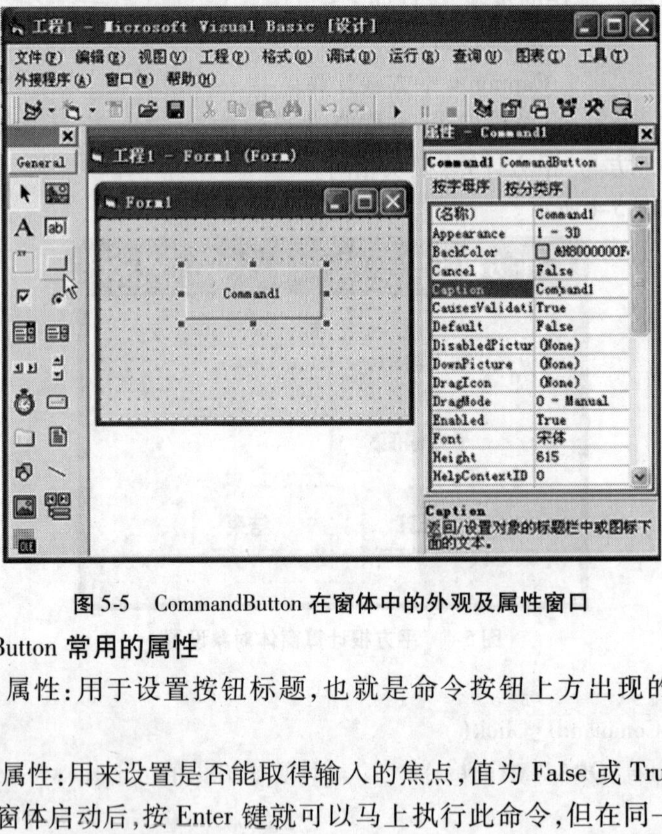

图 5-5　CommandButton 在窗体中的外观及属性窗口

1.1　CommandButton 常用的属性

(1)Caption 属性:用于设置按钮标题,也就是命令按钮上方出现的文本。默认为 Command1。

(2)Default 属性:用来设置是否能取得输入的焦点,值为 False 或 True。如果该属性等于 True,则在窗体启动后,按 Enter 键就可以马上执行此命令,但在同一窗体上只能有一个命令按钮的 Default 属性被设定为 True。

(3)Enabled 属性:用来设置该控件是否能被按下,值为 True 时,表示命令按钮可以接受用户鼠标或键盘输入来启动它;值为 False 时,表示按钮不能启动,这时整个命令按钮以淡色或模糊的颜色来显示。

(4)Name 属性:用来定义按钮的名称,这个名称可以在程序中使用。

(5)Picture 属性:用来在按钮上显示图片。

(6)Style 属性:用来设定按钮上是否可以显示图片。0 为无;1 为图形。

1.2 CommandButton 常用事件

Click 事件:表示单击鼠标左键。

MouseDown 事件:表示按下鼠标按键。

MouseUp 事件:表示放开鼠标按键。

MouseMove 事件:表示移动鼠标光标。

1.3 CommandButton 应用举例

【例 5-3】 试设计一个单窗体工程,其上有两个命令按钮,“开始”和“结束”,单击“开始”按钮,窗体上输出“欢迎使用坐标转换程序!”字样,单击“结束”按钮,窗体上输出“谢谢使用,再见!”字样。

目的:学习命令按钮的基本使用方法。

所需对象及属性设置:

对象	属性及属性值
Form1	Caption = 命令按钮练习
Command1	Caption = 开始
Command2	Caption = 结束

对象安排:如图 5-6 所示。

图 5-6 命令按钮练习窗体

程序代码:

```
Private Sub Command1_Click( )
    Me. Print"欢迎使用坐标转换程序!"
End Sub

Private Sub Command2_Click( )
    Me. Print"谢谢使用,再见!"
End Sub
```

运行结果:程序执行后,单击“开始”按钮,则在窗体上输出“欢迎使用坐标转换程序!”。如图 5-7 所示。

单击“结束”按钮,则在窗体上输出“谢谢使用,再见!”。

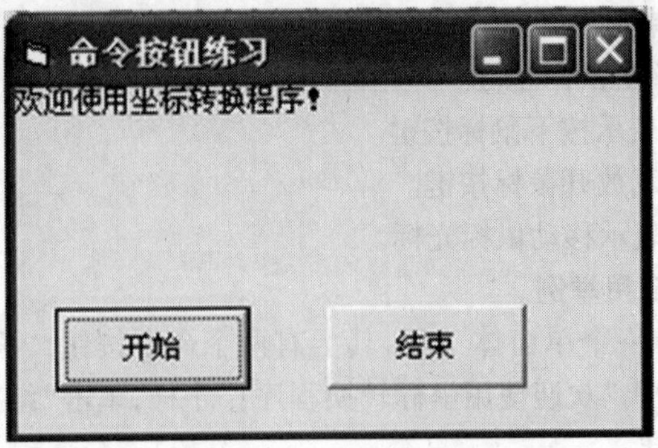

图 5-7 “开始”按钮测试

2 Label(标签)

Label 控件的功能是用来显示字符串，通常显示的是文字说明信息或简单的计算结果。标签在窗体中的外观及属性窗口如图 5-8 所示。

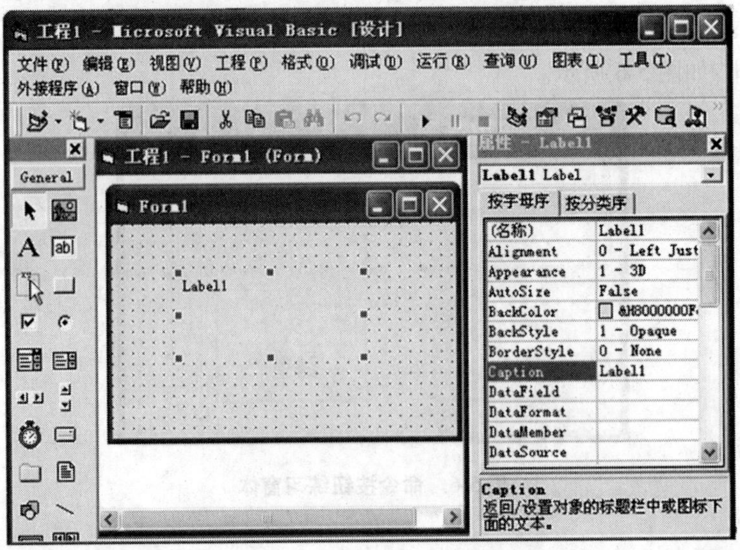

图 5-8 Label 在窗体中的外观及属性窗口

2.1 Label 控件常用的属性

(1) Alignment 属性：用来设置标签上面显示字符的对齐方式。

(2) AutoSize 属性：表示自动大小，当设置为 True 时，其大小会根据显示内容的多少自动调整。默认为 False。

(3) BackStyle 属性：用来设置 Label 控件的背景是否为透明，即是否将标签后的背景图案显示出来。

(4) Caption 属性：用于放置标题或显示数字及文本信息。

2.2 Label 控件常用事件

Click 事件：表示单击鼠标左键。

DblClick 事件:表示双击鼠标左键。

2.3 Label 控件应用举例

【例 5-4】 试设计一个单窗体工程,当窗体被加载时,由标签输出"欢迎使用坐标转换系统",当单击该标签时,由标签输出"祝你成功",当用鼠标双击该标签时,结束程序运行。

目的:学习使用标签的基本方法。

所需对象及属性设置:

对象	属性及属性值
Form	Caption = 标签应用练习
Label1	Caption = 欢迎使用坐标转换系统
	FontSize = 14
	AutoSize = True

对象安排:如图 5-9 所示。

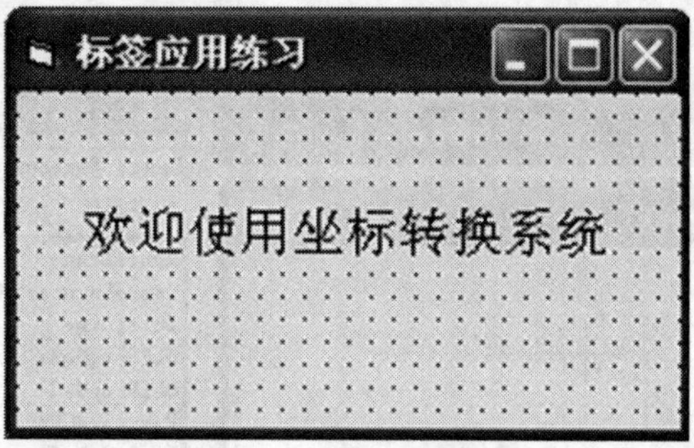

图 5-9 标签练习窗体

程序代码:

```
Private Sub Label1_Click( )
  Label1. Caption ="祝你成功"
End Sub

Private Sub Label1_DblClick( )
  End
End Sub
```

执行结果:工程执行后,显示类似于图 5-9,区别是没有网格。当用鼠标单击窗体中的文字部位时,窗体显示。当用鼠标双击窗体中的文字部位时,结束程序的运行。

3 TextBox(文本框)

TextBox 控件可以供用户输入数据。在 Windows 环境中几乎所有的输入动作都是利用文本框来完成的,文本框在窗体中的外观及属性窗口如图 5-10 所示。

3.1 TextBox 控件常用的属性

(1)Alignment 属性:用来设置输入数据的对齐方式。

(2)MultiLine 属性:用来设置文本框是否能接受多行文字。如果值为 False,表示文本框只能接受单行文本;如果值为 True,当输入较长的字符串时,则可以进行自动换行。

(3)MaxLength 属性:用来设置 TextBox 控件中所能放入的字符个数,最大值为 32KB。

(4)PasswordChar 属性:用此属性可在窗口中加入想要取代字符的符号。例如在输入密码时,不想让输入的文字内容显示在屏幕上,就可以用"*"号来作为显示符号。设置过此属性后,无论输入什么字符。显示出来的都是用 PasswordChar 指定的替代符号。

(5)ScrollBars 属性:用来设置文本框中是否出现水平或垂直滚动条。但 ScrollBars 只能在 MultiLine 为真时才有效。其值为 0,表示没有滚动条;其值为 1,表示水平滚动条;其值为 2,表示垂直滚动条;其值为 3,表示水平滚动条和垂直滚动条都有。

(6)Text 属性:用来存放数据。它的内容可以预先输入或作为默认值或者用来读取用户输入的信息。

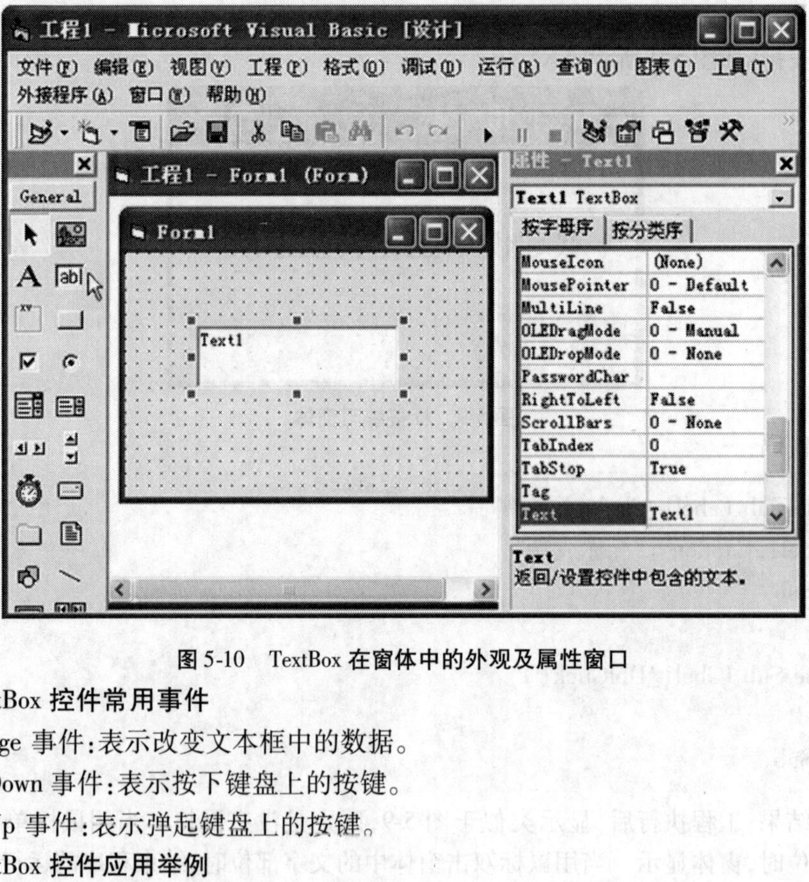

图 5-10　TextBox 在窗体中的外观及属性窗口

3.2　TextBox 控件常用事件

Change 事件:表示改变文本框中的数据。

KeyDown 事件:表示按下键盘上的按键。

KeyUp 事件:表示弹起键盘上的按键。

3.3　TextBox 控件应用举例

【例 5-5】　试设计一个单窗体工程,运行后能让用户输入一段文字。

目的:学习使用文本框的基本方法。

所需对象及属性设置:

对象	属性及属性值
Form	Caption = 文本框练习
Text1	Text = Text1

MultiLine = True

ScrollBars = 2

对象安排:如图 5-11 所示。

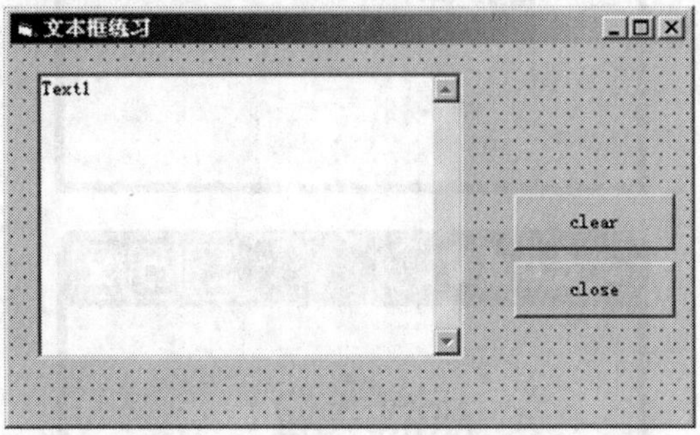

图 5-11　文本框对象设置窗体

程序代码:不需要。

执行结果:工程执行后,用户可以在文本框中输入多行文字,如图 5-12 所示。

图 5-12　文本框的文字输入

【例 5-6】　试设计一个工程,并给工程增加密码保护功能,即进入工程后系统先要用户输入口令,口令正确时进入“热烈欢迎!”界面,执行工程;若口令不正确,则显示“口令错误,请重新输入!”信息;若出错三次,则以“非法用户,禁止使用!”信息警告,终止使用。

目的:学习使用文本框的基本方法。

所需对象及属性设置:

对象	属性及属性值	
Form1	Caption = 系统登录	
Label1	Caption = 请输入口令:	
	AutoSize = True	
Text1	Text =	
	PasswordChar = *	'口令显示字符
Form2	Caption = 欢迎界面	
Label1	Caption = 热烈欢迎!	
	FontSize = 16	

对象安排:如图 5-13 中所示的两个窗体。

图 5-13　口令界面对象设置

程序代码：

```
Dim i As Integer

Private Sub Form _ Load( )
    Text1. text = ""
End Sub

Private Sub Text1 _ KeyDown( KeyCode As Integer, Shift As Integer)
    If KeyCode = 13 Then
        If Text1. Text = "12345" Then
            Form2. Show
            Unload Form1
        Else
            Label1. Caption = "口令错误,请重新输入!"
            i = i + 1
            If i = 3 Then
                Label1. Caption = "非法用户,禁止使用!"
                Text1. Locked = True
            End If
        End If
    End If
End Sub
```

说明:"Text1_KeyDown(KeyCode As Integer, Shift As Integer)"为按下键盘事件子程序。

运行结果:运行后用户在文本窗口输入非“12345”数字并按回车键后,显示界面如图 5-14所示;当连续三次输入错误则显示图 5-15;如输入“12345”后回车,界面显示如图 5-16所示。

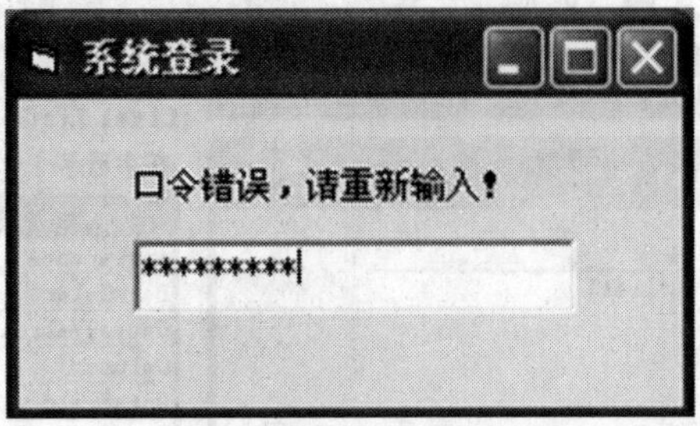

图 5-14　输入口令错误界面

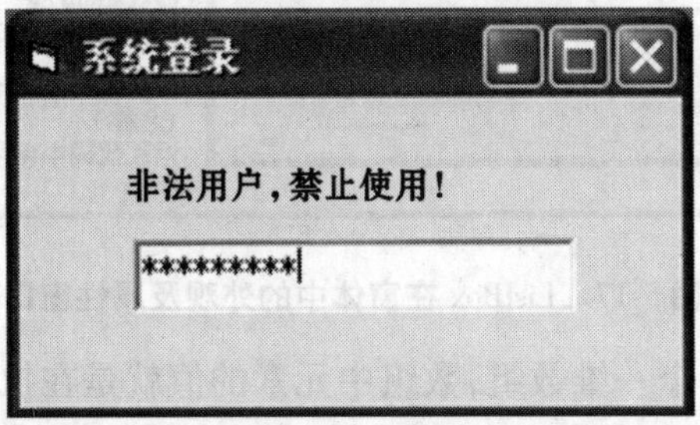

图 5-15　连续三次输入口令错误界面

图 5-16　输入口令正确界面

第三节　列表框与组合框

1　ListBox(列表框)

ListBox 控件称为列表框,一般为用户提供选择的列表,用户可以从列表框列出的一组选项中用鼠标选取一个或多个需要的选项。列表框在窗体中的外观和属性窗口如图 5-17所示。

1.1　ListBox 控件常用的属性

(1)Columns 属性:表示栏目数,设定列表框中内容的显示方式。其值为 0 时,表中内容呈一列显示;大于 1 时,呈多列显示。

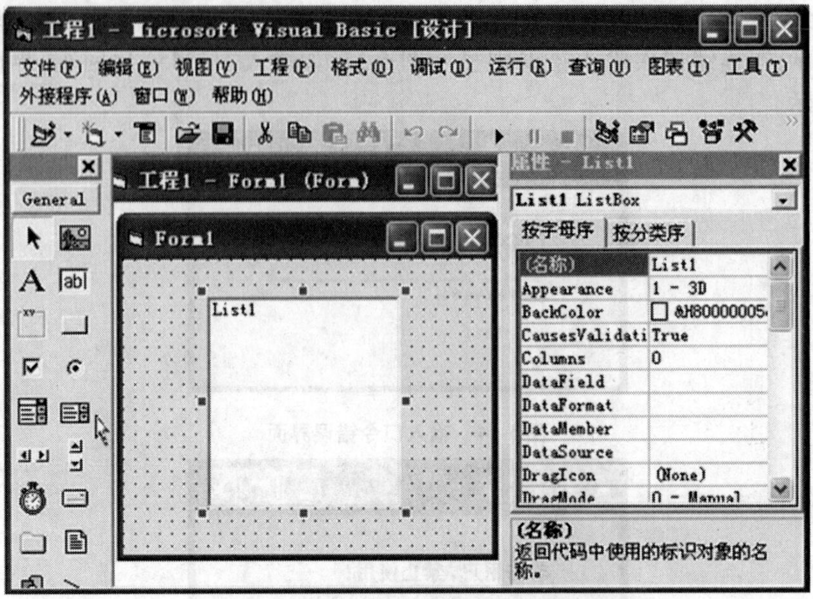

图 5-17　ListBox 在窗体中的外观及属性窗口

(2) List 属性:它是一个一维数组,数组中元素的值就是在执行时看到的列表项。

(3) ListCount 属性:用来记录列表框中所列内容的数目,此属性只能访问,不能设置,它由系统自动设置。

(4) ListIndex 属性:用来存放列表框中每个选项的序号或索引号。

(5) Sorted 属性:表示列表是否按字母顺序排列。设置为 True 时,列表按字母顺序排列,设置为 False 时,不按字母顺序排列。

1.2　ListBox 控件常用事件

Click 事件:表示当用户用鼠标单击列表框内的一个选项时,产生事件。

1.3　ListBox 控件常用方法

Clear 方法:用来清除列表框中的所有内容。语法为:

对象名. Clear

AddItem 方法:用来在列表框中添加选项。语法为:

对象名. AddItem"字符串"

RemoveItem 方法:用来删除列表框中的一个选项。语法为:

对象名. RemoveItem"字符串"

1.4　ListBox 控件应用举例

【例 5-7】 试设计一个单窗体工程,其中有两个列表框,一个列表框列出一些测量仪器名称,由用户从中选取,另一个列表框中显示用户所选择的仪器名称,当用户在已选的仪器列表中单击某一项时,则取消该项的选取。

目的:学习列表框的使用,掌握在列表框中添加和删除选项的方法。

所需对象及属性设置:

对象	属性及属性值
Form1	Caption = 列表框应用示例
Label1	Caption = 仪器名称：
Label2	Caption = 已选择仪器：
List1	FontSize = 12
	Sorted = True
List2	FontSize = 12

对象安排：如图 5-18 所示。

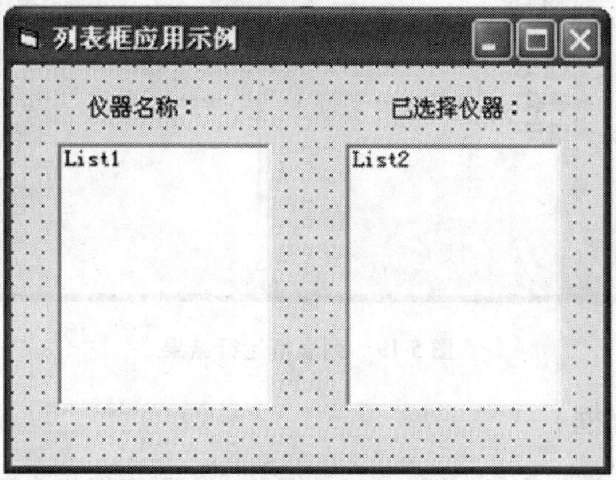

图 5-18　列表框对象设置窗体

程序代码：

```
Private Sub Form _ Load( )
   List1. AddItem "全站仪"
   List1. AddItem "经纬仪"
   List1. AddItem "水准仪"
   List1. AddItem "GPS"
   List1. AddItem "棱镜"
   List1. AddItem "塔尺"
End Sub

Private Sub List1 _ DblClick( )
   List2. AddItem List1. Text
   'List1. RemoveItem List1. ListIndex
End Sub

Private Sub List2 _ DblClick( )
   'List1. AddItem List2. Text
   List2. RemoveItem List2. ListIndex
End Sub
```

运行结果:程序运行后,用户用鼠标双击左边 List1 中的内容条目,每双击一次,会在右边的 List2 中添加一项所选内容。如当双击了"全站仪"、"棱镜"、"水准仪"三项后,窗体如图 5-19 所示。当双击右边框中某一项时,则删除该项。要想达到左右互移的效果,请将两个 DblClick 事件中注释掉的语句放开即可。

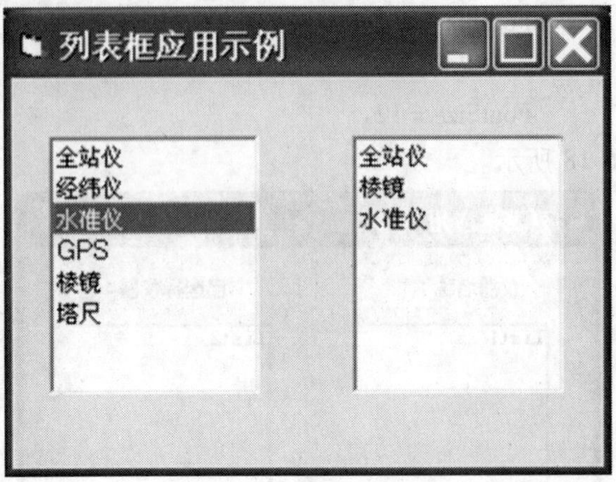

图 5-19 列表框运行结果

2 ComboBox(组合框)

ComboBox 控件一般称为组合框,由正文框和一个列表框组合而成,通常用于在选项列表中选择一项的操作。选项列表在列表框中,被选择的一项显示在正文框中,列表框不支持多列显示。正文框中每次只能显示一项。例如在一个文件夹中选择一个文件、在驱动器列表中选择一个驱动器等操作,都可以利用这一类列表框。组合框在窗体中的外观及属性窗口如图 5-20 所示。

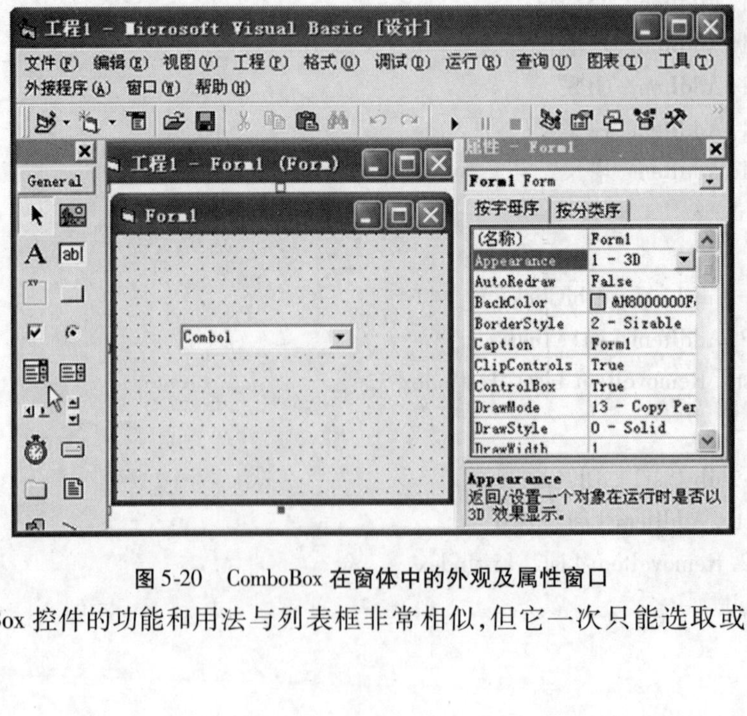

图 5-20 ComboBox 在窗体中的外观及属性窗口

ComboBox 控件的功能和用法与列表框非常相似,但它一次只能选取或输入一个选项,而不能设置为多重选取模式,其主要特点是具有一个向下箭头的方框。在程序运行时,按下此按钮就会下拉出一个列表供用户选择一个项目。此外,还可以在 ComboBox 上方的框内输入数据。在此,对于组合框就不作详细介绍了。

第四节　单选按钮、复选框与框架

1　OptionButton(单选按钮)

OptionButton 控件一般称为单选按钮,可以实现在多个选项中进行唯一的选择。单选按钮在窗体中的外观及属性窗口如图 5-21 所示。

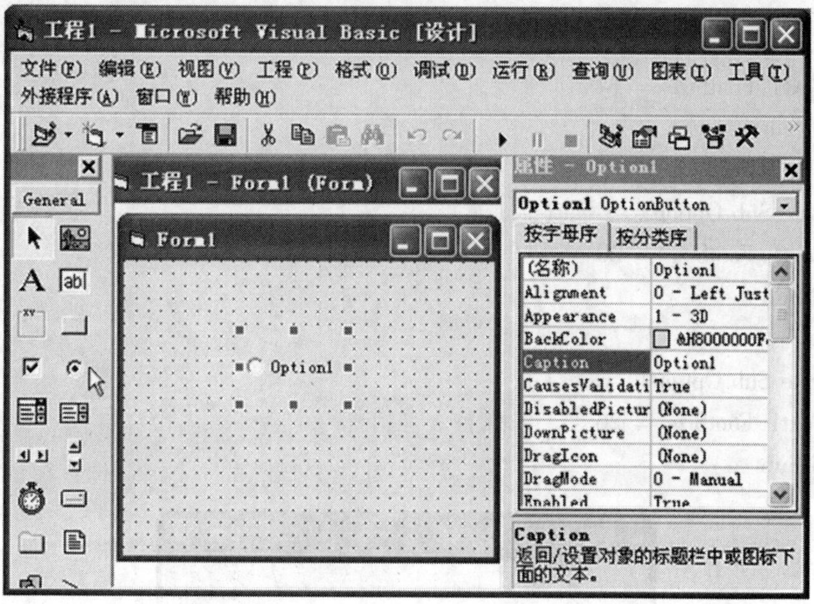

图 5-21　OptionButton 在窗体中的外观及属性窗口

1.1　OptionButton 控件常用的属性

(1)Caption 属性:显示标题,用来说明单选按钮的功能。

(2)Value 属性:表示单选按钮的状态。True 表示选中,False 表示不选中。

1.2　OptionButton 控件常用事件

Click 事件:表示当用户用鼠标单击一个选项时,产生事件。

1.3　OptionButton 控件应用举例

【例 5-8】　设置一个可以进行文本编辑的程序,利用单选按钮来编辑文本的字号选取。

目的:了解单选按钮的功能及使用。

所需对象及属性设置:

对象	属性及属性值
Form1	Caption = 单选按钮应用示例

Option1　　　　　　Caption = 8
Option2　　　　　　Caption = 14
Option3　　　　　　Caption = 20
Option4　　　　　　Caption = 26

对象安排:如图 5-22 所示。

程序代码:

```
Private Sub Option1 _ Click( )
  Text1. FontSize  =  8
End Sub

Private Sub Option2 _ Click( )
  Text1. FontSize  =  14
End Sub

Private Sub Option3 _ Click( )
  Text1. FontSize  =  20
End Sub

Private Sub Option4 _ Click( )
  Text1. FontSize  =  26
End Sub
```

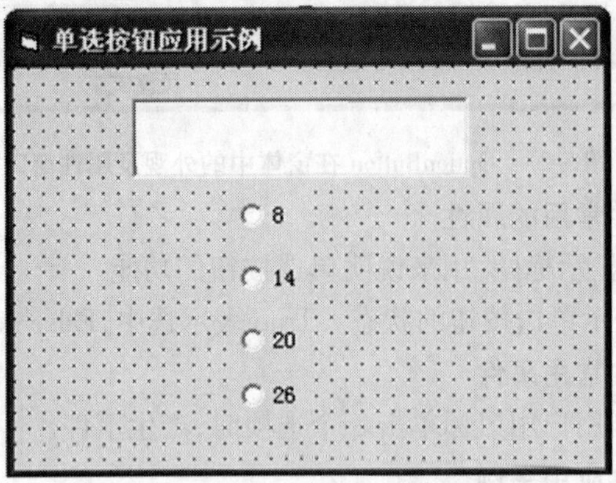

图 5-22　单选按钮对象设置

运行结果:程序运行后,当单击单选按钮时,文本框中的字号与单选按钮所显示的值保持一致。

2　CheckBox(复选框)

CheckBox 是选择类控件,用来设置要或不要某一选项功能。在运行时,如果用户用鼠标单击复选框前的方框,则方框内就会出现"√"符号,表示已经选取这一功能了。复选框的功能是独立的,如果在同一窗体上有好几个复选框,用户可根据需要选取一个或多个。复选框在窗体中的外观及属性窗口如图 5-23 所示。

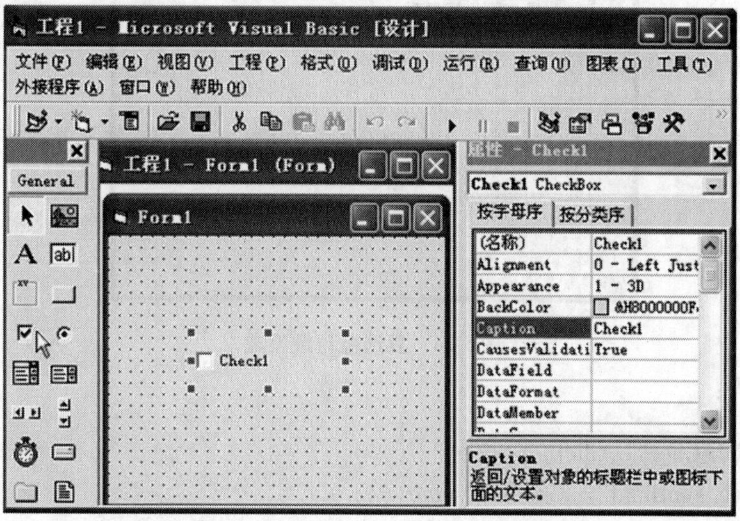

图 5-23　CheckBox 在窗体中的外观及属性窗口

2.1　CheckBox 控件常用的属性

(1)Caption 属性:显示标题,用来说明复选框的功能。

(2)Value 属性:表示单选按钮的状态。True 表示选中,方框内有"√",False 表示不选中,方框内无"√"。

2.2　CheckBox 控件常用事件

Click 事件:表示当用户用鼠标单击一个选项时,产生事件。

2.3　CheckBox 控件应用举例

【例 5-9】　设置一个可以进行文本编辑的程序,利用复选框来改变文本的字体格式。

目的:了解复选框的功能及使用。

所需对象及属性设置:

对象	属性及属性值
Form1	Caption = 复选框应用示例
Text1	Text = 测量与国土信息系
	MultiLine = True
	ScrollBars = 3
	FontBold = False
	FontItalic = False
	FontUnderline = False
Check1	Caption = 粗体
Check2	Caption = 斜体
Check3	Caption = 下划线

对象安排：如图 5-24 所示。

图 5-24　复选框对象设置

程序代码：

```
Private Sub Check1_Click( )
    Text1. FontBold  =  Check1. Value
End Sub
Private Sub Check2_Click( )
    Text1. FontItalic  =  Check2. Value
End Sub
Private Sub Check3_Click( )
    Text1. FontUnderline  =  Check3. Value
End Sub
```

运行结果：当选择“粗体”和“斜体”前的方框后，会得到不同的结果。

3　Frame（框架）

Frame 控件可以给输出内容加上框架进行输出分类分组，美化输出结果。此外，同一窗体内的单选按钮具有排斥现象。为了使在同一窗体内的两组或多组当选按钮不受影响，可以使用框架将其分组。框架在窗体中的外观及属性窗口如图 5-25 所示。

3.1　Frame 控件常用的属性

（1）Caption 属性：用来表示框架的标题。

（2）FontSize 属性：表示字体的大小。

3.2　Frame 控件的使用方法

在框架内安排单选按钮或其他对象时，应先设置框架，然后放置单选按钮或其他对象，而不能将次序颠倒，否则框架不能包含其他对象。

3.3　CheckBox 控件应用举例

【例 5-10】　设置一个程序，安排两组单选按钮，分别控制文本框中的字体类型（如楷体、宋体、隶书、黑体等）和字号大小（8、12、18、24 号）等。

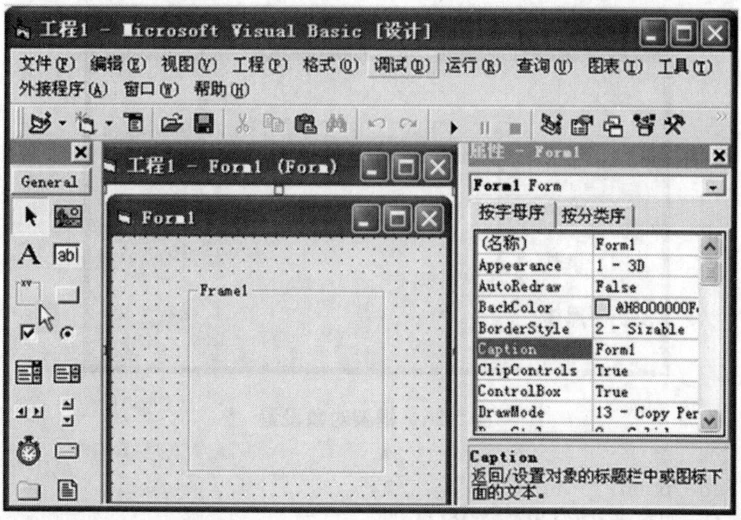

图 5-25　Frame 在窗体中的外观及属性窗口

目的：了解框架的功能及使用。

工程分析：本题中，字体类型在某一时刻只为一种，字号大小在某一时刻也只能为一种。这两组单选按钮不能冲突，应利用框架将它们分开，分别包含要设置字体类型属性 FontName 和字号大小属性 FontSize。

所需对象及属性设置：

对象	属性及属性值
Form1	Caption = 框架应用示例
Text1	Text = 测量与国土信息系
	Multiline = True
Frame1	Caption = 字体
	FontSize = 12
Option1	Caption = 楷体
Option2	Caption = 宋体
Option3	Caption = 隶书
Option4	Caption = 黑体
Frame2	Caption = 字号
	FontSize = 12
Option5	Caption = 8
Option6	Caption = 12
Option7	Caption = 18
Option8	Caption = 24

对象安排：如图 5-26 所示。

程序代码：

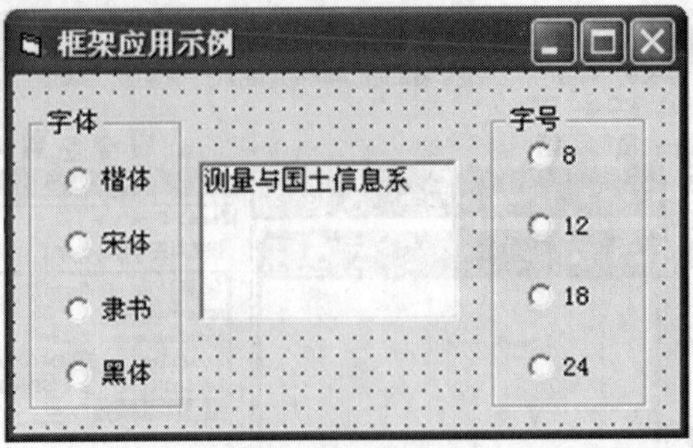

图 5-26　框架对象设置

```
Private Sub Option1 _ Click( )
  Text1. FontName = "楷体_ GB2312"
End Sub

Private Sub Option2 _ Click( )
  Text1. FontName = "宋体"
End Sub

Private Sub Option3 _ Click( )
  Text1. FontName = "隶书"
End Sub

Private Sub Option4 _ Click( )
  Text1. FontName = "黑体"
End Sub

Private Sub Option5 _ Click( )
  Text1. FontSize = 8
End Sub

Private Sub Option6 _ Click( )
  Text1. FontSize = 12
End Sub

Private Sub Option7 _ Click( )
  Text1. FontSize = 18
End Sub

Private Sub Option8 _ Click( )
  Text1. FontSize = 24
End Sub
```

运行结果:运行后两个框架中各有一个单选按钮有效,单击字体中的“隶书”和字号中的“18”,则文本框中的字体和字号都发生了变化。

第五节　图片框与图像框

1　PictureBox(图片框)

图片框可以用来显示图片、绘制图形或作为其他控件的载体。图片框控件在窗体中的外观及属性窗口如图 5-27 所示。

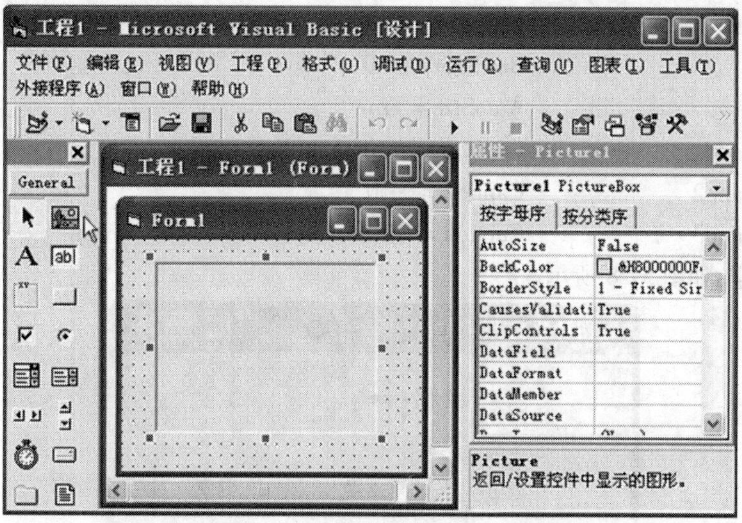

图 5-27　PictureBox 控件在窗体中的外观及属性窗口

1.1　PictureBox 控件常用的属性

(1)AutoSize 属性:表示自动大小,当值为 True 时,控件能随图像自动调整大小。

(2)BorderStyle 属性:表示是否有边框。

(3)Picture 属性:用来存放图片文件名。

1.2　PictureBox 控件的常用事件

(1)Click 事件:在图片上单击鼠标左键。

(2)DblClick 事件:在图片上双击鼠标左键。

1.3　PictureBox 控件显示图形的方法

在设计阶段,给图片框放置图形,应在属性视窗双击“PictureBox”对象的“Picture”属性,系统弹出对话框,确定所需图形文件所在的位置,单击“打开”按钮可以将所选的图形加载到 PictureBox 控件中。在运行阶段为“PictureBox”对象加载图形,使用图形加载函数“LoadPicture( )”对“Picture”属性赋值,其语法如下:

图片框对象名. Picture = LoadPicture("图形文件名")

其中图形文件名必须包含图形文件名及路径全名。例如:

Picture1. Picture = LoadPicture("c:\vb\bitmaps\card. bmp")

如果要清除图形文件,则应将图形文件名置为空字符串。

图片框对象名. Picture = LoadPicture("")

1.4 PictureBox 控件应用举例

【例 5-11】 设置一个程序,包括一个图片控件,利用鼠标控制可以改变图片控件中显示的图片。

目的:了解图片框控件的功能及使用。

所需对象及属性设置:

对象	属性及属性值
Form1	Caption = 图片框应用示例
Picture1	Picture = c:\vb\bitmaps\face01.ico
	BorderStyle = 0
	AutoSize = True
Command1	Caption = 成功
Command2	Caption = 失败
Command3	Caption = 结束

对象安排:如图 5-28 所示。

图 5-28 图片框应用界面

程序代码:

```
Private Sub Command1 _ Click( )
  Picture1.Picture = LoadPicture("c:\vb\bitmaps\face02.ico")
End Sub

Private Sub Command2 _ Click( )
  Picture1.Picture = LoadPicture("c:\vb\bitmaps\face03.ico")
End Sub

Private Sub Command3 _ Click( )
  End
End Sub

Private Sub Picture1 _ Click( )
  Picture1.Picture = LoadPicture("c:\vb\bitmaps\face01.ico")
End Sub
```

运行结果：程序执行后，用鼠标单击“成功”按钮，屏幕显示如图 5-29 所示；单击“失败”按钮，则屏幕显示失败界面；当用鼠标单击“人脸”图片时，则恢复正常显示，如图 5-28 所示（不带网格线）。

图 5-29　成功图标显示

图片框作为绘图对象功能较复杂，主要含坐标系统、坐标位置、绘图笔线设置、绘图方法等内容，第八章计算多边形面积应用中有介绍。

2　ImageBox（图像框）

图像框可以用来显示图形、图像或代替命令按钮引导事件子程序。图像框控件在窗体中的外观及属性窗口如图 5-30 所示。

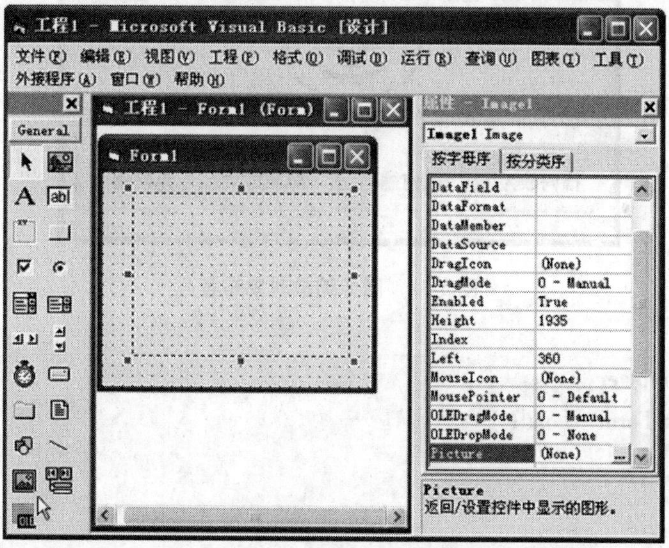

图 5-30　ImageBox 控件在窗体中的外观及属性窗口

2.1　ImageBox 控件常用的属性

（1）Picture 属性：用来存放图形文件名，与 PictureBox 控件用法相同。

（2）Stretch 属性：控制对象是否可以伸缩。当值为 True 时，表示可以伸缩；当值为 False 时，表示不可伸缩。

2.2　ImageBox 控件的常用事件

与图片控件基本相同，二者的主要区别在于：图像框多一个可伸缩属性，可以调整图像的大小;图片框支持各种方法的绘图和输出文字,而图像框则不支持。

2.3 ImageBox 控件应用举例

【例 5-12】 设置一个程序,包括一个图像控件,利用鼠标控制可以改变图像控件中图片的大小。

目的:了解图像框控件的功能及使用。

所需对象及属性设置:

对象	属性及属性值
Form1	Caption = 图像框应用示例
Image1	Picture = c:\vb\bitmaps\face04.ico
	Stretch = True '可缩放
	BorderStyle = 1
Command1	Caption = 横向放大
Command2	Caption = 横向缩小
Command3	Caption = 纵向放大
Command4	Caption = 纵向缩小

对象安排:如图 5-31 所示。

图 5-31 图像缩放对象布置

程序代码:

```
Dim n As Integer
Private Sub Form _ Load( )
  n = 100
End Sub

Private Sub Command1 _ Click( )
  Image1. Width  =  Image1. Width  +  n
End Sub

Private Sub Command2 _ Click( )
  Image1. Width  =  Image1. Width  -  n
```

```
End Sub

Private Sub Command3 _ Click( )
  Image1. Height = Image1. Height + n
End Sub

Private Sub Command4 _ Click( )
  Image1. Height = Image1. Height - n
End Sub
```

运行结果:程序执行后,单击窗体上的各个按钮,可以按所提示字样对图像进行控制。

第六节　其他对象

1　ScrollBar(滚动条)

滚动条通常用来附在窗体上协助观察数据或确定位置,也可用来作为数据输入的工具。滚动条有水平和垂直两种,可以通过工具箱中的水平滚动条和垂直滚动条工具来建立,滚动条在窗体中的外观及属性窗口如图 5-32 所示。

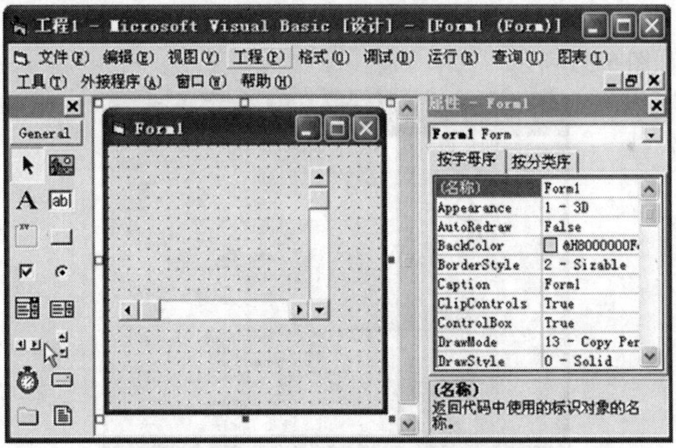

图 5-32　滚动条在窗体中的外观及属性窗口

1.1　ScrollBar 控件常用的属性

(1)Value 属性:表示滚动条内滑块所处位置所代表的值。

(2)Max 属性:表示当滑块处于滚动条最大位置时所代表的值。

(3)Min 属性:表示当滑块处于滚动条最小位置时所代表的值。

(4)SmallChange:表示用户单击滚动条两端箭头时,滑块移动的增值量。

(5)LargeChange:表示用户单击滚动条空白处时,滑块移动的增值量。

1.2 ScrollBar 控件常用事件

(1)Scroll 事件:当拖动滑块时触发的事件。

(2)Change 事件:当改变滚动条数值时触发的事件。

1.3 ScrollBar 控件应用举例

【例 5-13】 设置一个程序,窗体上有一个水平滚动条,其 Max 属性为 100,Min 属性为 0,SmallChange 属性为 2,LargeChange 属性为 10,Value 属性初始值为 50。另有一个文本框(Text1),它显示滑块当前位置所代表的值。

目的:了解滚动条的功能及使用。

所需对象及属性设置:

对象	属性及属性值
Form1	Caption = 滚动条应用示例
HScroll1	Max = 100
	Min = 0
	SmallChange = 2
	LargeChange = 10
	Value = 50
Label1	Caption = 慢
Label2	Caption = 快
Label3	Caption = 速度
Text1	Text = ""

对象安排:如图 5-33 所示。

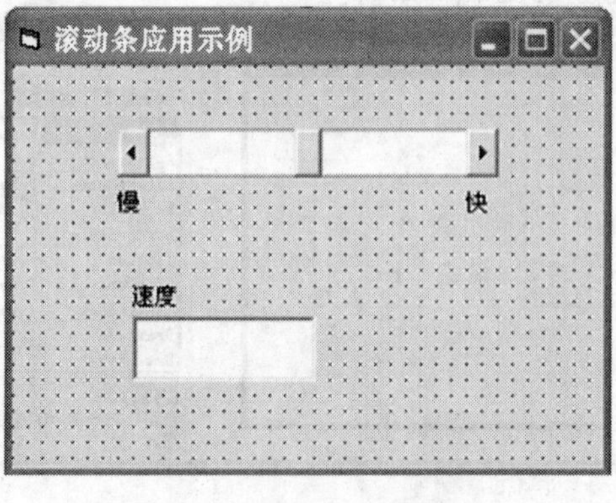

图 5-33 滚动条应用示例

程序代码:

```
Private Sub HScroll1_Change( )
  Text1. Text  =  HScroll1. Value
End Sub
```

运行结果:程序运行后,当改变滚动条的值时,数值显示在文本框中。

2 Timer(时钟)

Timer 控件能有规律地以一定的时间间隔激发计时器事件而执行相应的程序代码。时钟控件有一个非常重要的属性 Interval(时间间隔),它表示两个计时器事件之间的时间间隔,其值以 ms(0.001 s)为单位,介于 0 ~64767,所以最大的时间间隔约为 1.5 min。在程序运行期间,时钟控件并不显示在窗体上,通常用一个标签来显示时间,时钟控件设计时在窗体中的外观及属性窗口如图 5-34 所示。

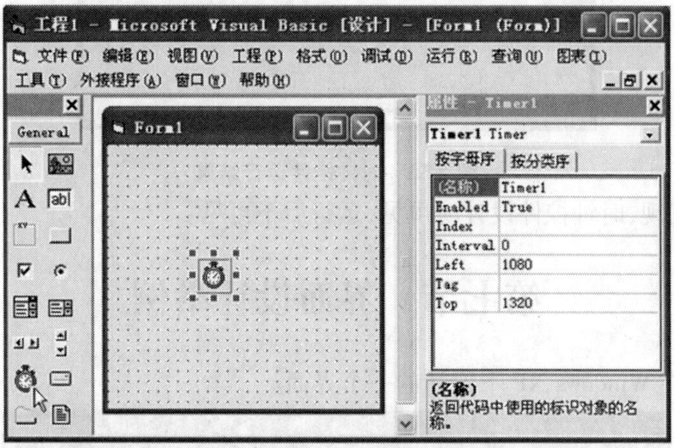

图 5-34 时钟控件设计时在窗体中的外观及属性窗口

2.1 Timer 控件常用的属性

(1)Interval 属性:表示时钟时间间隔。

(2)Enabled 属性:表示时钟是否有效。

2.2 Timer 控件事件

只有一个 Timer 事件。

2.3 Timer 控件应用举例

【例 5-14】 设置一个时钟程序,在窗体中建立数字计时器。

目的:了解时钟控件的功能及使用。

所需对象及属性设置:

对象	属性及属性值
Form1	Caption = 时钟控件应用示例
Timer1	Interval = 1000
	Enabled = True
Label1	Caption = Label1
	FontName = 宋体
	FontSize = 12

程序代码:

```
Private Sub Timer1_Timer( )
   Label1. Caption  =  Time $
End Sub
```

执行结果:运行后,标签中出现时钟功能,如图 5-35 所示。

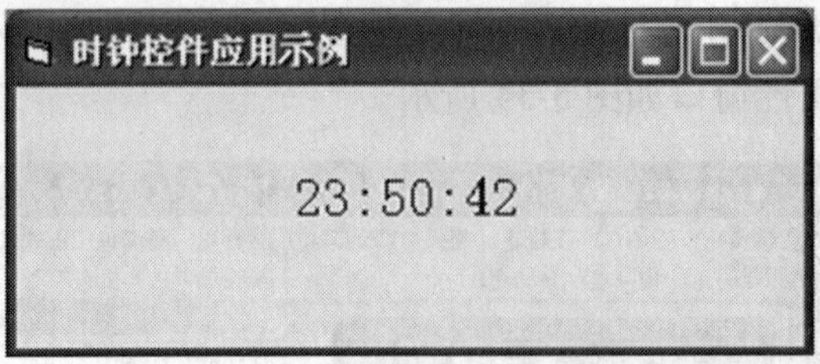

图 5-35　时钟控件运行结果

我们可以发现,时钟控件设计时可见,运行后不可见。

第七节　界面设计举例

图 5-36 是在 Windows XP 下设计的一个界面。

图 5-36　界面设计举例

Form 的 BorderStyle 属性设置为 3 – Fixed dialog,大小不能改变,没有最大化和最小化按钮;其 Caption 属性说明了设计的主题目的。

界面上用到了 3 种基本类型的控件:标签、文本框、按钮。

左边"基本数据"框架内有 7 个文本框及相应的 7 个标签。为什么要设计 7 个文本框呢? 这是由实际问题所决定的:一条单导线有起点 A 和终点 B,均有 a、x、y 三个已知数据,再加上未知点数,一共 7 个数据。任何单导线都必须给出这 7 个量,所以提供 7 个文本框,在运行时,使用者可以输入它们的值;相应的 7 个标签起提示作用,让使用者按说明给出数据。

右边两个文本框，一个用于录入观测左角，一个用于录入观测边长。这两方面的信息数目是可变的，随未知点数的不同而不同，观测左角数目为未知点数 +2，观测边长数目为未知点数 +1，我们便设计两个带垂直滚动条的多行文本框，且文字右对齐，用不同的文字前景色来区分，运行时每输入一行数据，按回车，最后能得到多行数据录入。

上面框架内放 4 个按钮，单击时完成相应的功能。

界面的设计，总是随主题数据的需要而放置不同类型、不同数量的控制对象。对象的摆放位置、外观风格，则与设计者的审美情趣有关。不管如何设计，总有一些基本原则可以遵循：

√ 窗体总布局与显示器屏幕相配，一般为 4:3矩形（现在流行 QQ 长条式，也很美）；

√ 对象分类摆放，符合使用时给出数据的顺序；

√ 界面清新简明，色调柔和，切忌大红大紫刺眼；

√ 大块空白的地方，加上小图片图标或文字说明。

同样的主题，下面的两款设计，如图 5-37、图 5-38 所示，不知你认为如何？

图 5-37 单导线近似计算设计界面（一）

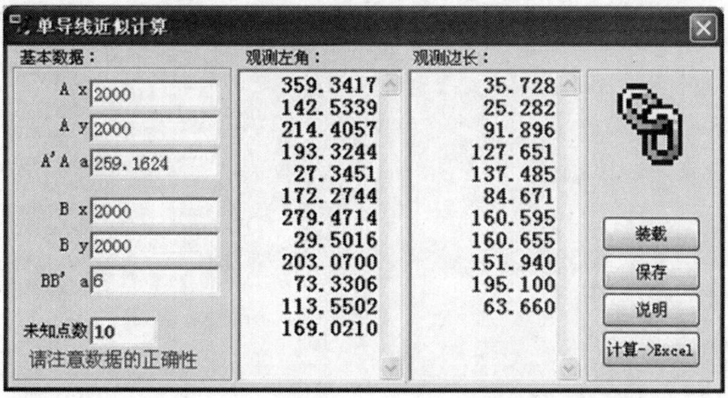

图 5-38 单导线近似计算设计界面（二）

练 习 题

5-1 VB 的 Form 上有哪些基本控件可供使用？各用于什么场合？

5-2 控件的属性一般分为哪几类？

5-3 控件一般具有哪些通用属性？

5-4 VB 中，在设计时修改控件的属性与在运行时在代码中给属性赋值，有什么不同？

5-5 如果说标签的 Caption 是其最重要的属性，其他通用控件的最重要的属性各是什么？

5-6 请为前方交会(余切公式)设计界面。

5-7 你知道哪些第三方 OCX 控件？

第六章 数据文件

文件是建立在计算机外部介质上的、有名字的记录的集合。它可以是程序代码的集合,也可以是一批数据的集合。文件的作用一是保存信息,二是资源共享。根据不同的分类标准,文件有不同的分类。按文件的内容来分,可分为程序文件和数据文件两类。按数据文件的存取方式和结构来分,可分为顺序文件和随机文件两类。按其存储信息的形式来区分,又可以分为 ASCII 文件和二进制文件。本章将讨论对数据文件的操作。在对测量数据进行处理时,我们常需要输入几十个、上百个甚至更多的数据,输入的数据要进行修改,输出的结果需要保存,显然对数据文件的操作非常重要。任何程序设计语言均提供数据文件操作的函数与方法,本章介绍 Visual Basic 数据文件操作方面的知识。

因为测绘专业需要处理大量数据的因素,如智能仪器设备所存储的数据,与计算机通信后,我们将得到大量文本数据,对这些数据处理、加工是我们常要做的事,故编者特此立章,供读者学习。

第一节 文件的打开与关闭

在 Visual Basic 中,对数据文件的操作一般应按以下步骤进行:

(1)打开(或建立)文件。

(2)对文件进行读、写操作。

(3)关闭文件。

1 文件的打开(建立)

在对一个数据文件进行读、写、修改或增加数据之前,必须先用 Open 语句打开或建立该文件。其格式为:

Open 文件名 [For 方式] [Access 存取类型] [锁定] As [#] 文件号 [Len = 记录长度]

Open 语句的功能是:为文件的输入输出分配缓冲区,并确定缓冲区所使用的存取方式,它兼有打开文件和建立文件两种功能。

其中,Open、For、Access、As 和 Len 是关键字。"文件名"是字符串表达式,它指定文件名、目录、文件夹及驱动器,是所要操作的对象。

For 子句中的"方式"用来描述打开方式。常用的方式有 Output、Append、Input、Random 及 Binary 等。其中:用 Output 方式打开的文件用来写入;用 Append 方式打开文件时,文件指针被定位在文件末尾,可将写入的数据附加到原来文件的后面;用 Input 方式打开的文件用来从文件读取;Random 方式是随机存取方式;Binary 方式指二进制方式,在这种方式下,可以用 Get 和 Put 语句对文件中任何字节位置的信息进行读写。

Access 子句中的"存取类型"用来指定文件的存取权限,Read(只读)、Write(只写)、

Read Write(可读可写)。Read Write 这种类型只对随机文件、二进制文件及用 Append 方式打开的文件有效。

锁定子句可设置为:Lock Shared,即任何机器上的任何进程都可以对该文件进行读写操作;Lock Read,即不允许其他进程读该文件;Lock Write,即不允许其他进程写这个文件;Lock Read Write,即不允许其他进程读写这个文件。

"文件号"用来标识打开文件的句柄,其值必须是在 1~511 的一个整型表达式。为满足不同的存取方式的需要,对同一个文件可以用几个不同的文件号打开,每个文件号有自己的一个缓冲区。对于不同的访问方式,可以使用不同的缓冲区。

Len 子句中的"记录长度"是一个整型表达式。当选择该参量时,为随机存取文件设置记录长度。对于用随机访问方式打开的文件,该值是记录长度。对于顺序文件,该值是缓冲字符数。

2 文件的关闭

在完成文件的读写操作后还应关闭文件,这由 Close 语句来完成。其格式如下:

Close[[#]文件号][,[#]文件号]……

其中,Close 表示关闭文件,Close 语句是在打开文件之后进行的操作。"文件号"是 Open 语句中使用的文件号。关闭一个数据文件具有两个作用:一是把文件缓冲区中的所有数据写到文件中;二是释放与该文件相联系的文件号,以供其他 Open 语句使用。在 Close 语句中若不指定文件号,则把所有打开的文件全部关闭。例如:

```
Open "D:\szwsj.txt" For Input As #2        '打开数据文件
    ……
Close        '关闭文件
```

第二节 顺序文件

顺序文件由记录组成,每个记录是一个单一的文本行,它以回车换行序列结束。每个记录被分成若干个字段,这些字段是记录中按同一顺序反复出现的数据块。在顺序文件中,每个记录可以具有不同的长度,不同记录中的字段的长度也可以不一样。

1 顺序文件的读操作

顺序文件的读操作分三步进行,即打开文件、读数据文件和关闭文件。其中顺序文件的读操作由 Input #或 Line Input #语句完成,其格式如下:

Input #文件号,变量表

Line Input #文件号,字符串变量

格式中的"文件号"含义同前。"变量表"由两个或多个变量组成,这些变量既可以是数值变量,也可以是字符串变量或数组元素。Input #语句表示从顺序文件中读出数据,并把这些数据项赋给程序变量。此时文件中的数据应该同变量表中变量顺序一样,且数据

类型也应该匹配。

在文件操作中,Line Input #语句十分有用,它可以读取顺序文件中一行的全部字符直读到回车符或文件尾为止。因此,Line Input #语句常用来复制文本文件。

【例 6-1】 用记事本输入 5 行数据,存放在“D:\szwsj.txt”文本文件中。

```
5
10
1,2,4.569,2.1
2,3,8.002,3.2
5,1,7.777,6.3
```

现编程用读顺序文件语句将前两行数据读入,分别存入变量 A、B 中,将其余三行数据读入,存放在字符变量 C 中,并将读入的变量显示在窗体上。

进入 VB6.0,建立一个新工程。在窗体上添加一命令按钮,将其 Caption 属性设置为“读顺序文件”。双击命令按钮,在代码框中编写程序:

```
Private Sub Command1_Click()
    Dim A, B As Integer     '定义变量
    Dim C As String
    Open "D:\szwsj.txt" For Input As 1     '打开数据文件
        Input #1, A     '读入变量 A
        Input #1, B
        Me.Print A     '在窗体上显示变量 A
        Me.Print B
         Do While Not EOF(1)
              Line Input #1, C     '读入字符串
              Me.Print C     '在窗体上显示字符串 C
         Loop
    Close #1
End Sub
```

执行程序,结果见图 6-1。

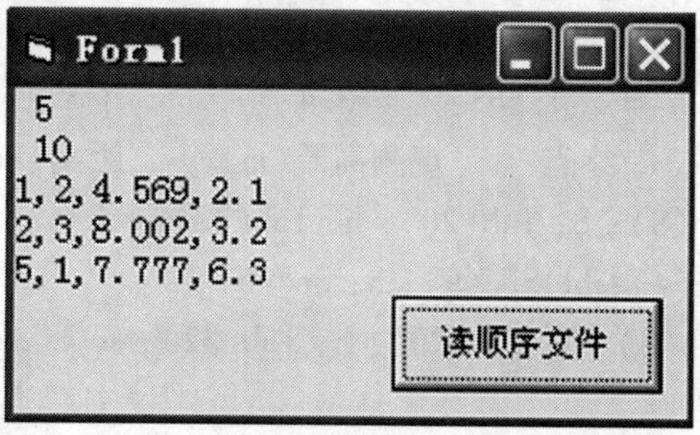

图 6-1 读顺序文件

2 顺序文件的写操作

顺序文件的写操作由 Print #或 Write #语句来完成。

2.1 Print #语句

格式如下:

Print # 文件号,[[Spc(n)|Tab(n)][表达式表][;|,]]

Print #语句的功能是把数据写入文件中。需要注意的是:前面讲的 Print 方法所“写”的对象是窗体、打印机或控件,而 Print #语句所“写”的对象是文件。

格式中的“文件号”含义同前,表示将数据写入该文件号所代表的文件中。其他参数,包括 Spc 函数、Tab 函数、“表达式表”及尾部的分号、逗号等,其含义与 Print 方法中相同。Print #语句中的各数据项之间可以用分号或逗号隔开,分别对应紧凑格式和标准格式。若不加“,”和“;”参数,Print #语句会在字符结束处添加回车换行符。格式中的“表达式表”可以省略。在这种情况下,将向文件中写入一个空行。Print #语句常和 Line Input #语句配合使用。

2.2 Write #语句

格式如下:

Write #文件号,表达式表

和 Print #语句一样,用 Write #语句可以把数据写入顺序文件中。“文件号”和“表达式表”的含义同前。当使用 Write #语句时,文件必须以 Output 或 Append 方式打开。“表达式表”中的各项以逗号分开。Write #语句与 Print #语句的功能基本相同,其主要区别有:①当用 Write #语句向文件写数据时,数据在磁盘上以紧凑格式存放,能自动地在数据项之间插入逗号,并给字符串加上双引号。②用 Write #语句写入的正数的前面没有空格。

【例 6-2】 水准网平差时,需要向文件输出计算结果,设输出结果的形式为:

起点	终点	观测高差(m)	距离(km)
1	3	-1.568	3.4

编写程序,分别用 Print #语句和 Write #语句向文件中写入数据并进行比较。

进入 VB6.0,建立一个新工程。在窗体上添加一命令按钮,双击命令按钮,在代码框中编写程序:

```
Private Sub Command1_Click()
   Open "D:\sjout.dat" For Output As #1     ' 打开 D:\sjout.dat 数据文件
   a = 1: b = 3: h = -1.568: s = 3.4
   Print #1, "起点      终点      观测高差(m)      距离(km)"
   Print #1, a; Tab(8); b; Tab(20); h; Tab(32); s
   Print #1, a; Spc(4); b; Spc(9); h; Spc(5); s
   Write #1, a; Tab(8); b; Tab(20); h; Tab(32); s
   Close #1
End Sub
```

执行程序,单击命令按钮,再用记事本打开文件“D:\sjout.dat”,其执行效果见图6-2。

图6-2 写顺序文件

第三节 随机文件

随机文件又称直接存取文件。打开随机文件后,既可读也可写。随机文件以记录为单位进行操作,其记录是定长记录,在对文件进行读写操作时,应给出记录号n,通过“(n-1)×记录长度”可以计算出该记录与文件首记录的相对地址,从而对文件进行操作。因此,当用Open语句打开文件时必须指定记录的长度。若省略默认为128个字节。每个记录又划分为若干个字段,每个字段的长度等于相应的变量的长度。各变量要按一定格式置入相应的字段。

1 随机文件的写操作

随机文件与顺序文件的写操作类似,但通常把需要写的记录中的各字段放在一个记录类型中,同时应指定每个记录的长度。

对随机文件的写操作,一般按以下4个步骤进行。

1.1 定义数据类型

随机文件由固定长度的记录组成,每个记录含有若干个字段。记录中的各个字段可以放在一个记录类型中,记录类型用Type…End Type语句定义。Type…End Type语句通常在标准模块中使用,如果放在窗体模块中,则应加上关键字Private。

1.2 打开随机文件

随机文件的打开(或建立)也是通过Open语句来实现的。Open语句的一般格式为:

Open 文件名 For Random As #文件号[Len = 记录长度]

“记录长度”等于各字段长度之和,以字节为单位。如果省略“Len = 记录长度”,则记录的默认长度为128个字节。For Random表示打开一个随机文件,随机文件的打开方式只有Random。

1.3 将内存中的数据写入磁盘

随机文件的写操作通过Put语句来实现,其格式为:

Put #文件号,[记录号],变量

格式中的“变量”是除对象变量和数组变量外的任何变量。Put语句把“变量”的内容写入由"文件号"所指定的磁盘文件中。

1.4 关闭文件

关闭文件的操作与顺序文件相同。

2 随机文件的读操作

随机文件的读操作与随机文件的写操作步骤类似，只是把第三步中的 Put 语句用 Get 语句来代替。其格式为：

Get #文件号,[记录号],变量

格式中的"文件号"与 Open 语句中所指定的"文件号"相对应。"记录号"的取值范围同前，它是要读的记录的编号。如果省略"记录号"，则读取下一个记录，即最近执行 Get 或 Put 语句后的记录，或由最近的 Seek 函数指定的记录。"变量"的含义与 Put 语句相同。

【例 6-3】 编程建立一个可以随机存取的通讯录文件，并在相应的文本框中显示读取的内容。

按以下步骤进行编程操作：

(1)进入 VB6，建立一个新工程。在窗体上添加标签、文本框和按钮各 4 个。各控件的属性见表 6-1。

表 6-1 控件属性表

控件	标题	控件	标题	控件	标题
Label1	编号	Text1		Command1	增加
Label2	姓名	Text2		Command2	保存
Label3	电话	Text3		Command3	浏览
Label4	单位	Text4		Command4	退出

(2)定义数据类型。

通讯录文件的每个记录含有 4 个字段，其长度(字节数)及数据类型见源程序。根据规定的字段长度和数据类型，定义记录类型。因在窗体层定义变量，故在源程序前面应加"Private Type Record"。

(3)在打开文件语句中指定记录长度。

由于随机文件的长度是固定的，因此应在打开文件时用 Len 子句指定记录长度，如果不指定，则记录长度默认为 128 个字节。因要建立的随机文件的每个记录的长度为 8 + 10 + 12 + 30 = 60 个字节，因此可以用下面的语句打开文件：

```
Open "d:\txl.txt" For Random As #1 Len = 60
```

当记录含有的字段较多时，可以通过 Len 函数求出来，即记录长度 Len(记录类型变量) = Len(recordvar)。因此，打开文件的语句可以改为：

```
Open  "d:\txl.txt"  For Random As #1 Len = Len(recordvar)
```

注意：上面语句中有两个 Len，其中等号左边的 Len 是 Open 语句中的子句，而等号右边的 Len 是一个函数。

(4)在代码编辑栏中输入各命令按钮对应的源程序。程序的最后应关闭文件。

(5)执行程序,单击"增加"按钮,从键盘上输入记录中的各个字段。单击"保存"按钮,可保存记录,并把数据记录写入磁盘文件"d:\txl. txt"。单击"浏览"按钮,可以从文件中读取记录进行浏览。界面见图 6-3。读写的随机文件,可通过打开"d:\txl. txt"文件来观察。

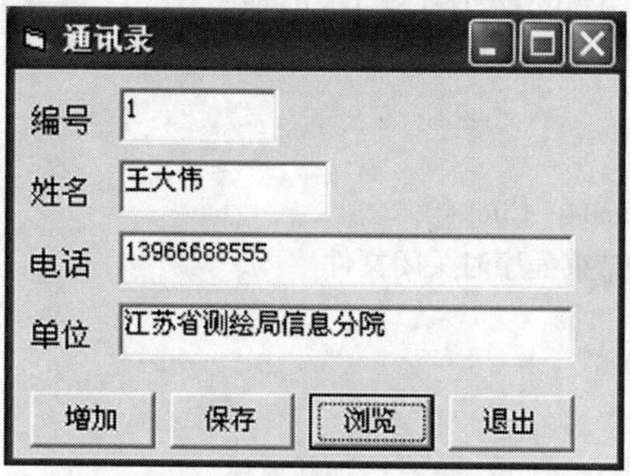

图 6-3　随机文件的读写

源程序如下:

```
Private Type Record     '声明变量
   name As String * 8
   num As String * 10
   tel As String * 12
   unit As String * 30
End Type
Dim i, j As Integer
Dim txl As Record

Private Sub Command1_Click()   '增加记录
   Text1.Text = j+1
   Text2.Text = "": Text3.Text = "": Text4.Text = ""
End Sub

Private Sub Command2_Click()    '保存记录
     j = j + 1
     Text1.Text = j
     txl.num = j:              txl.name = Text2.Text
     txl.tel = Text3.Text:     txl.unit = Text4.Text
     Put #1, j, txl
End Sub
```

```
Private Sub Command3 _ Click( )    '浏览记录
    i = i + 1
    If i > = j Then i = 1
    Get #1, i, txl
    Text1. Text = i :Text2. Text = txl. name
    Text3. Text = txl. tel: Text4. Text = txl. unit
End Sub

Private Sub Command4 _ Click( )
    Close #1    '结束程序时关闭文件
    End
End Sub

Private Sub Form _ Load( )            '加载窗体
   i = 0
   Text1. Text = i
   Open "d:\txl. txt" For Random As #1 Len = 60    '打开数据文件
   j = LOF(1) / 60   '计算该文件包含的记录个数
End Sub
```

第四节　文件操作语句和函数

下面介绍常用于文件读、写操作中的语句和函数。

1　Seek 语句与 Seek 函数

Seek 语句是文件指针语句。无论是顺序文件还是随机文件,一旦用 Open 语句打开,Visual Basic 会自动生成一个文件指针(隐含的),文件的读或写就从这个指针所指的位置开始。程序每完成一次读、写操作,文件指针自动移到下一个读、写操作的位置。用 Append方式打开一个文件后,文件指针指向文件的末尾,而用其他几种方式打开文件后,文件指针都指向文件的开头。文件指针的定位通过 Seek 语句来实现。

格式如下:

Seek #文件号,位置

"文件号"的含义同前;"位置"是介于 $1 \sim (2^{31}-1)$范围内一个数值表达式,用来指出下一个要读写的位置。

注意:对于用 Random 方式打开的文件,"位置"是一个记录号。对于用 Input、Output 或 Append 方式打开的文件,"位置"是执行下一个操作的地址。在 Get 或 Put 语句中的记录号优先于由 Seek 语句确定的位置。

与 Seek 语句配合使用的是 Seek 函数，其格式为：

Seek（文件号）

该函数返回文件指针的当前位置。由 Seek 函数返回的值在 $1 \sim (2^{31}-1)$ 范围内。

2　FreeFile 函数

格式如下：

FreeFile

用 FreeFile 函数可以得到一个在程序中没有使用过的文件号。用这个函数，可以把未使用的文件号赋给一个变量，用这个变量作文件号，而不必知道具体的文件号是多少。

3　Loc 函数

格式如下：

Loc(文件号)

Loc 函数返回一个长整数，即"文件号"指定的文件的当前读写位置。"文件号"是在 Open 语句中使用的文件号。

对于随机文件，Loc 函数返回一个记录号，它是对随机文件读或写的最后一个记录的记录号，即当前读写位置的上一个记录；对于顺序文件，Loc 函数返回的是从该文件被打开以来读或写的记录个数，一个记录是一个数据块。

在顺序文件和随机文件中，Loc 函数返回的都是数值，但它们的意义是不一样的。对于随机文件，只有知道了记录号，才能确定文件中的读写位置；而对于顺序文件，只要知道已经读或写的记录个数，就能确定该文件当前的读写位置。

4　LOF 函数

格式如下：

LOF(文件号)

LOF 函数返回文件的字节数(即文件的长度)，与 DOS 下用 Dir 命令所显示的数值相同。"文件号"的含义同前。

5　EOF 函数

格式如下：

EOF(文件号)

EOF 函数返回一个整数，包含布尔值 True 或 False，用来测试文件的结束状态。"文件号"的含义同前。使用 EOF 函数，可以避免在文件输入时出现"输入超出文件尾"错误。

EOF 函数常用来在循环中测试是否已到文件尾，一般结构如下：

```
Do While Not EOF(1)
'文件读写语句
Loop
```

6　Kill 语句

格式如下：
Kill 文件名
Kill 语句用来删除磁盘中的文件。这里的“文件名”可以含有路径。例如：

```
Kill "c:\wd\*.bak"
```

该语句将删除 c 盘 wd 目录下的备份文件。

7　FileCopy 语句

格式如下：
FileCopy 源文件名，目标文件名
FileCopy 语句可以把源文件拷贝到目标文件。例如：

```
FileCopy "d:\pcjs\szwpc.txt","e:\pcjs\szwpc.txt"
```

Visual Basic 没有提供移动文件的语句。若将 Kill 语句和 FileCopy 结合使用，即可实现文件移动。

8　Name 语句

格式如下：
Name 原文件名 As 新文件名
Name 语句的功能是实现文件或目录的重命名。例如：

```
Name "d:\pcjs\szwpc.txt" As "d:\pcjs\gcwpc.txt"
```

9　MkDir 语句

格式如下：
MkDir 目录名
MkDir 语句用来创建一个新的目录。

10　RmDir 语句

格式如下：
RmDir 目录名
用 RmDir 语句可以删除一个存在的目录。

第五节　文件系统控件介绍

为了管理计算机中的文件，Visual Basic 提供了几个与文件操作有关的控件，即驱动器列表框（Drive ListBox）、目录列表框（Directorv ListBox）和文件列表框（File ListBox），用这三个控件，可以编写文件管理程序。这一节将介绍这些控件的功能和用法。

1　驱动器列表框

在程序运行期间,用户可通过驱动器列表框中的下拉列表框选择驱动器,见图 6-4 的左上部分。驱动器列表框有一个专用的 Drive 属性,它返回当前所选择的驱动器。Drive 属性只能用程序代码设置,不能通过属性窗口设置。在实际应用中,常常用 Change 事件取得当前驱动器,以构成完整路径。

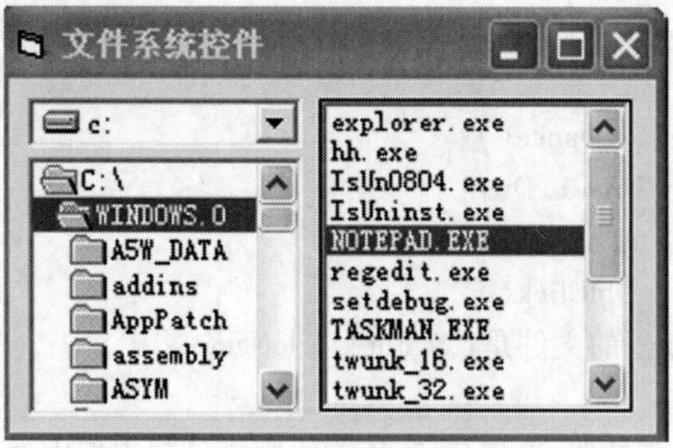

图 6-4　文件系统控件

2　目录列表框

目录列表框用来显示当前驱动器上的目录结构,见图 6-4 的左下部分。程序运行后,用户双击顶层目录(这里是"C:\"),就可以显示根目录下的子目录名,双击某个子目录,就可以把它变为当前目录。目录列表框的常用事件有 Click 和 Change。目录列表框有一个专用的 Path 属性,该属性用来设置或返回所选择的驱动器路径。Path 属性只能用程序代码设置,不能在属性窗口中设置。对目录列表框来说,当 Path 属性值改变时,将引发 Change 事件。在实际应用中,常常用 Change 事件更新当前路径。

3　文件列表框

文件列表框可以用来显示当前目录下的文件,见图 6-4 的右边部分。与文件列表框有关的属性较多,常用的有以下几种。

3.1　Pattern 属性

Pattern 属性用来设置要显示的文件类型,Pattern 属性可以在设计阶段用属性窗口设置,也可以通过程序代码设置。在设计阶段,建立了文件列表框后,查看属性窗口中的 Pattern 属性,可以发现其默认值为"*.*"即所有文件。如果把它改为"*.txt",则在执行时文件列表框中显示的是"*.txt"文件。

3.2　FileName 属性

FileName 属性用来在文件列表框中设置或返回某一选定的文件名称。这里的"文件名"可以带有路径,可以有通配符。因此,可用它设置 Drive、Path 或 Pattern 属性。

3.3　Path 属性

Path 属性用来设置或返回文件列表框的当前路径。当 Path 属性值改变时,将引发 PathChange 事件。

【例 6-4】 编程创建文件系统控件,要求能在驱动器列表框、目录列表框中选定驱动器、目录,双击文件列表框中的文件,便可得到所需要的文件的文件名。

进入 VB6.0,建立一个新工程。在 Form1 窗体上添加驱动器列表框、目录列表框和文件列表框各一个,并排列成如图 6-4 所示的形式。分别双击驱动器列表框、目录列表框和文件列表框并输入程序:

```
Private Sub Dir1 _ Change( )
    File1. Path  = Dir1. Path
End Sub
Private Sub Drive1 _ Change( )
    Dir1. Path  = Drive1. Drive
End Sub
Private Sub File1 _ DblClick( )
    MsgBox"你双击的文件是:"& File1. FileName
End Sub
```

运行此程序,选择驱动器,选择目录,再双击在文件列表框中选定的文件名字,则通过 File1. FileName 属性可以得到所需要的文件的文件名。

一般地,我们通过这三个组件的使用,来得到所需要的文件,包括路径名称和文件名称。

第六节 应用举例

在第五章界面设计举例的单导线近似计算示例中,实现“保存”和“装载”两个按钮的功能。

假如用 ds 表示未知点数目;xA,yA,aA 表示 A 点坐标(x,y)和指向 A 点的起始方位角;xB,yB,aB 表示 B 点坐标(x,y)和 B 点指向远方的已知方位角,要求数据文件格式为文本文件,共六行(实际应用中应该是具体的数据):

```
ds
xA,yA,aA
xB,yB,aB
B,B,B,…,B
S,S,S,…,S
"END"
```

按上面的要求,将下面的代码输入到“保存”按钮的单击事件中:

```
ff $ = "你的路径文件全名"
n1  = FreeFile: Open ff For Output As #n1
  Print #n1 , tDS. Text
  For I  = 1 To 3
      Print #n1 , t1(I). Text; & ",";
  Next
```

```
    Print #n1, ""
    Print #n1, t1(4).Text; & ",";
    Print #n1, t1(5).Text; & ",";
    Print #n1, t1(6).Text

    s1 = Replace(tBB.Text, " ", "")
    s1 = Replace(s1, vbCrLf, " ")
    s1 = Replace(Trim$(s1), " ", ",")
    Print #n1, s1

    s1 = Replace(tSS.Text, " ", "")
    s1 = Replace(s1, vbCrLf, " ")
    s1 = Replace(Trim$(s1), " ", ",")
    Print #n1, s1
Close #n1
```

这段代码严格按照上面要求的顺序,将控件对象里的内容(文本框.Text)写入顺序文本文件中。

将下面的代码输入到“装载”按钮的单击事件中:

```
ff = "你上面的路径文件全名"
n1 = FreeFile: Open ff For Input As #n1
    Input #n1, ds
    tDS.Text = ds

    Input #n1, xA,yA,aA
    t1(1).Text = xA
    t1(2).Text = yA
    t1(3).Text = aA

    Input #n1, xB,yB,aB
    t1(4).Text = xB
    t1(5).Text = yB
    t1(6).Text = aB

    Line Input #n1, s$
    s = Replace(s, " ", "")
    s = Replace(s, ",", vbCrLf)
    tBB.Text = s
```

```
        Line Input #n1, s $
        s = Replace(s, " ", "")
        s = Replace(s, ",", vbCrLf)
        tSS. Text = s

        Line Input #n1, s $
        If s < > "END" Then MsgBox "数据文件格式不对!"
    Close #n1
```

这段代码严格按照文本文件里的数据顺序,读入数据,代码遵循四步:

(1)打开文件;

(2)读入数据,给变量赋值,根据需要进行一定的处理;

(3)将变量的值显示到控件对象上,即:文本框. Text = 变量;

(4)关闭文件。

数据文件的内容和格式与读写数据文件的代码的一一对应性,是非常重要的。假如要求文本文件的格式为:

```
aA,xA,yA,aB,xB,yB
ds
B,B,B,…,B
S,S,S,…,S
"END"
```

共五行,你该对以上"保存"和"装载"按钮中的两段代码作哪些相应的改变?读者不妨试一试!

应用中更多的还是使用软件,而使用软件前,你必须为软件准备相应的数据,软件经过编译打包,一般是经过各种测试的,没有错,而使用时就容易出错,问题大多出在数据上,例如你准备的数据文件的格式或内容与软件所要求的不同,如上面的代码,软件要读这,而你不对应,偏要给那,当然就不对了。

学习数据文件的读写,就能帮助你理解和正确使用专业软件。代码与数据文件的对应性的要求,请你牢记。

此外,还要简单介绍一下测量数据的预处理。

随着测量仪器电子化的发展,测量数据的来源多种多样,大部分不再是手工单个录入,而是直接从仪器转入,有的还有可能是从第三方或网络获得的电子文档数据。要使这样的数据符合计算程序的要求,中间必然存在数据转换与预处理的过程。

从上面的举例来看,我们最大的着眼点在文本文件。文本文件中的数据是按一定的顺序存放的,数据间常用分隔符分隔,这些分隔符是:

- 回车换行 vbCrLf;
- 西文逗号;

➢ 制表符 Tab；

➢ 空格等。

数据库常备导入导出工具，如 Access“文件”菜单中的“导出”菜单项，按向导导出为文本文件时的分隔符选项，或干脆选取记录，复制粘贴到记事本（Tab 分隔）。

Excel 的“另存为”对话框中文件类型选项有 CSV（逗号分隔）和 TXT（Tab 分隔），生成文本文件。

在很多应用场合，其数据文件实质是文本文件，如 MapInfo 的 .TAB 文件，描述表的结构，用记事本打开看一看，其文本一目了然；南方 CASS 所用到的大部分信息文件，扩展名为 .DAT，其实质是文本文件，如果你清楚其格式，可以用记事本修改。专业软件对数据格式的要求，请仔细阅读软件说明文档。

文本数据文件内容清晰直观，方便编辑，只要保证分隔符和格式正确即可。一个好的编辑器的使用，会使你的工作变得更加轻松。UltraEDIT 就是这样的编辑器，推荐大家使用。

练 习 题

6-1 在 VB 中顺序文件、随机文件的打开和关闭各用什么语句来实现？

6-2 全站仪野外采集的数据通过传输存放在一个磁盘文件中，每行的格式是：序号，编码，X，Y，Z，共五列。试编写一个程序，从该文件中读出数据，将格式改成：序号，编码，Y，X，Z。将改后的数据存入另一个文件中。

6-3 编写一个程序，在磁盘上建立一个通讯录文件，并可随意增加、保存、浏览新记录。

6-4 在窗体上设计一个标签、一个文本框、两个命令按钮及一个驱动器列表框、一个目录列表框、一个文件列表框。编写一个程序，使程序运行后，通过单击驱动器列表框、双击目录列表框、单击文件列表框中的文件名，可在文本框中显示完整的程序名（含驱动器、目录、文件名），单击“确定”按钮可执行该程序，单击“取消”按钮可退出程序。

第七章　Visual Basic 界面组合设计

第一节　菜单程序设计

菜单是 Windows 环境下应用程序不可缺少的组成部分。使用菜单可以提供人机对话的界面，使用菜单可以方便地管理应用程序系统，控制各种功能模块的运行。常见的菜单分为下拉式菜单和快捷菜单这两种基本类型。在 Visual Basic 中进行应用程序的菜单设计，操作非常简单。

1　菜单编辑器

应用程序的菜单设计可以在菜单编辑器窗口中进行，也可以用应用程序向导来生成。进入菜单编辑器窗口可通过以下几种方式：

(1)使窗体窗口为活动窗口，选择"工具"菜单中的"菜单编辑器"命令；

(2)单击工具栏中的"菜单编辑器"按钮；

(3)用快捷键 Ctrl + E；

(4)在要建立菜单的窗体上单击鼠标右键，在弹出式菜单中单击"菜单编辑器"命令。

打开后的菜单编辑器窗口如图 7-1 所示。它分为上、中、下三部分，即数据区、编辑区和菜单项显示区。

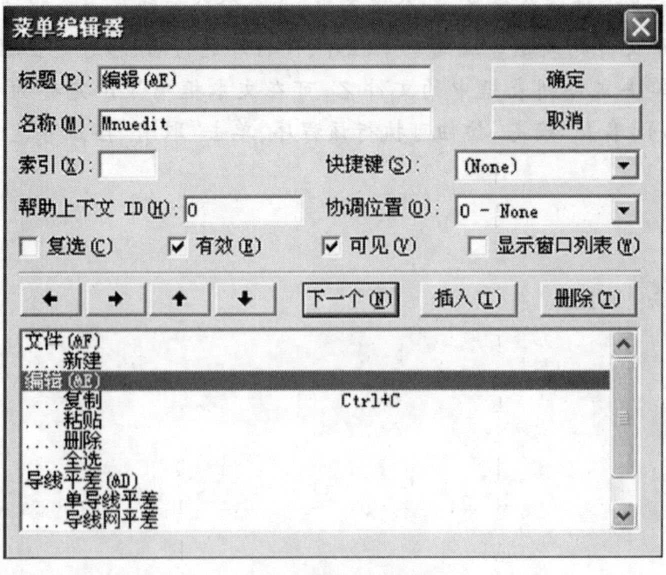

图 7-1　菜单编辑器

1.1　数据区

标题:用来输入用户所建立的菜单名。如果在该栏中输入一个减号“-”,则可在菜单中加入一条分隔线。

名称:用来输入菜单项的控件名,它不在菜单中出现。每个菜单项就是一个控件,都要为其取一个控件名。

索引:用来为用户建立的控件数组设立下标。

快捷键:允许为每一个菜单项选定快捷键。

帮助上下文ID:用户通过输入数字来选择帮助文件中的页数或与菜单相关的帮助主题。

协调位置:用户通过选择下拉列表框中的选项,确定菜单项在什么位置出现。

复选:该项被选择时,可以在相应的菜单项旁加上记号“√”。

有效:用来设置该菜单项是否可执行。在默认情况下,该属性被设置为True,表明相应的菜单项可以对用户事件作出响应。如果该属性被设置为False,则相应的菜单项会“变灰”,不响应用户事件。

可见:用来确定该菜单项是否可见。

显示窗口列表:该选项用于多文档应用程序,当其被选中时,将显示当前打开的一系列子窗口。

1.2　编辑区

菜单编辑区有“←”、“→”、“↑”、“↓”、“下一个”、“插入”、“删除”七个按钮,用来对输入的菜单项进行简单的编辑。

“←”、“→”箭头:用来将菜单向左、向右缩进4个点。4个点组成一个内缩符号,它表明菜单项所在的层次。内缩4个点表示一层,内缩8个点表示两层,最多内缩20个点,它后面的菜单项为第六层。

“↑”、“↓”箭头:可将选中的菜单项在显示区中上、下移动,从而改变各菜单项的顺序。

“下一个”按钮:用来开始一个新的菜单项。

“插入”按钮:用来插入新的菜单项。

“删除”按钮:用来删除当前选中的一个菜单项。

1.3　菜单项显示区

菜单项显示区位于菜单设计窗口的下部,是一个空白列表框,列出了用户输入的菜单项,并通过内缩符号表明菜单项的层次。

2　用菜单编辑器建立菜单

在Visual Basic中设计应用程序的菜单,分为两个步骤:一是打开菜单编辑器,进入菜单设计窗口,完成各项菜单的设计;二是为各菜单项编写事件过程代码。Visual Basic把每个菜单项看做一个控件,在设计或运行时可以设置其Caption属性、Enabled属性、Visible属性以及其他属性。每个菜单项只接收Click事件,即当鼠标或键盘选中该菜单控件时,将调用该事件。对菜单项编写程序和对控件编程一样。

下面通过一个例子说明如何用菜单编辑器建立菜单以及菜单项代码的添加。

【例7-1】 用菜单编辑器创建一个菜单，该菜单有四个主菜单项，分别为“文件”、“编辑”、“导线平差”和“退出”。其中“编辑”主菜单项的子菜单项为“复制”、“粘贴”、“删除”和“全选”；“导线平差”主菜单项的子菜单项为“单导线平差”、“导线网平差”。各菜单项的标题、快捷键、名称见表7-1。

表7-1 菜单设计

菜单项	快捷键	名称	菜单项	快捷键	名称
文件(&F)		Mnufile	····全选	Ctrl + A	Txtall
编辑(&E)		Mnuedit	导线平差(&D)		Dxpc
····复制	Ctrl + C	Txtcopy	····单导线平差	Ctrl + I	Ddxpc
····粘贴	Ctrl + P	Txtpaste	····导线网平差	Ctrl + W	Dxwpc
····删除	Ctrl + D	Txtdel	退出(&Q)		Quit

为了输入数据和显示计算结果，还要建立一个文本框（用来输入数据），如图7-2所示。

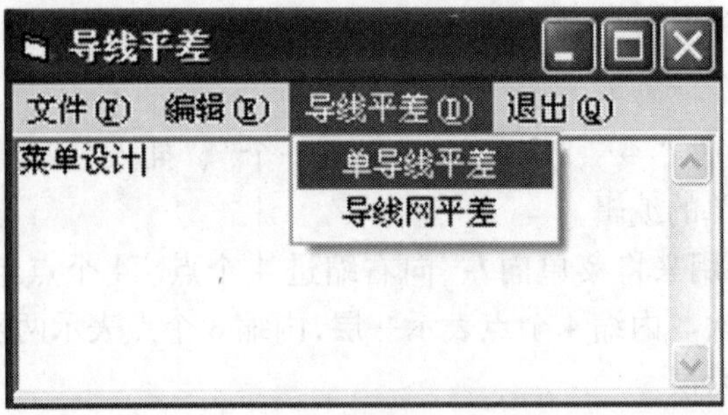

图7-2 菜单设计效果

设计菜单可按以下步骤进行：

(1)启动VB建立一个新工程。单击工具栏的“菜单编辑器”按钮，系统显示菜单编辑器。

(2)在“标题”文本框中键入“文件(&F)”，在“名称”文本框键入“Mnufile”。

(3)单击“下一个”按钮，菜单项光标下移一行。在其对应的“标题”文本框中键入“编辑(&E)”，在“名称”文本框键入“Mnuedit”。

(4)单击“下一个”按钮，菜单项光标下移一行。单击“→”箭头按钮使菜单向右缩进4个点。在对应的“标题”文本框中键入“复制”，在“名称”文本框键入“Txtcopy”。在标有“快捷键”旁的下拉列表框中选定Ctrl + C快捷键。

(5)用与步骤(4)基本相同的方法建立“编辑”主菜单项中的“粘贴”、“删除”和“全选”子菜单项，其名称及快捷键见表7-1。

(6)用与步骤(3)、(4)基本相同的方法建立“导线平差”主菜单和子菜单项“单导线平差”、“导线网平差”，其对应的名称见表7-1。

(7)单击“下一个”按钮,菜单项光标下移一行。在“标题”文本框中键入“退出(&Q)”,在“名称”文本框键入“Quit”。

(8)在窗体上画一个文本框,将其 Multiline 属性设置为 True,Scrollbars 属性设置为 2 – Vertical。

菜单设计好后,还要为各菜单项编写程序代码。这里仅给出“编辑”主菜单项的子菜单项“复制”、“粘贴”、“删除”和“全选”的代码。

```
Private Sub Txtcopy _ Click( )
  Clipboard. SetText Text1. SelText       '复制
End Sub

Private Sub Txtpaste _ Click( )
  Text1. SelText  =  Clipboard. GetText( )     '粘贴
End Sub

Private Sub Txtdel _ Click( )
  Text1. Text  =  ""    '删除
End Sub

Private Sub Txtall _ Click( )
  Text1. SelStart  =  0
  Text1. SelLength  =  Len( Text1. Text)    '全选
End Sub
```

对主菜单项“导线平差”的子菜单项“单导线平差”,可用语句:

```
X# =  Shell("d:\pcjs\单导线平差. exe",1)
```

调用事先编好的单导线平差程序,用同样的方法,也可以调用事先编好的导线网平差程序。

3 快捷菜单

快捷菜单是独立于菜单栏而显示在窗体上的浮动菜单,其显示的位置取决于鼠标所处的位置,用户只需在窗体的某个地方单击鼠标右键,就会立即弹出快捷菜单,它使用方便,不需要在窗口顶部下拉打开,具有较大的灵活性。

建立快捷菜单分两步进行:首先用菜单编辑器建立菜单,这和前面的介绍基本相同,若仅建立快捷菜单,则必须把主菜单项的“可见”属性设置为 False,子菜单项的“可见”属性不要设置为 False。其次用 PopupMenu 方法显示出来,其格式为:

[对象.]PopupMenu 菜单名 [,Flags [,X[,Y[,BoldCommand]]]]

其中“对象”为窗体名;“菜单名”是菜单编辑器中定义的主菜单名称;X、Y 是快捷菜单在窗体上的显示位置(与 Flags 参数配合使用);BoldCommand 用来指定快捷菜单中以粗体显示的一个菜单项名称;Flags 参数是一个数值或符号常量,用来指定快捷菜单的位置及行为，其取值分为两组，一组用于指定菜单位置，另一组用于定义是通过单击鼠标左键还是通过单击鼠标右键选择菜单的行为。

【例 7-2】 在例 7-1 的基础上再建立一个快捷菜单，用于显示“导线平差”主菜单项的子菜单项“单导线平差”和“导线网平差”，如图 7-3 所示。

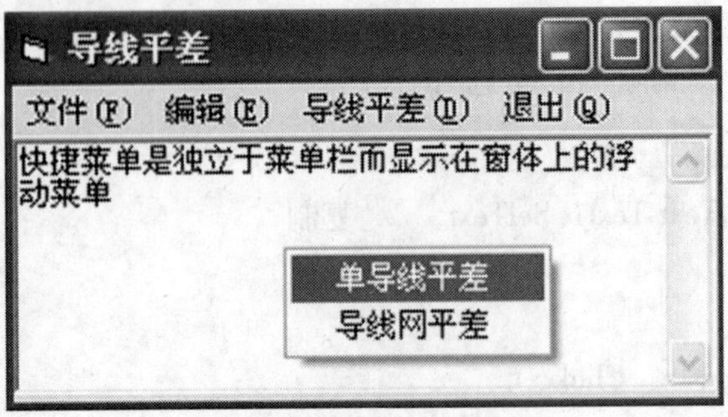

图 7-3 快捷菜单设计结果

在例 7-1 已建立菜单的基础上，选择代码窗口中的 Form 对象、MouseUp 事件，则出现 Form_MouseUp 事件的过程头与过程尾，在其中间添加代码如下：（中间三句）

```
Private Sub Text1_MouseUp(Button As Integer, Shift As Integer, X As Single, _
                                                              Y As Single)
  If Button = 2 Then          '当单击鼠标右键时
      PopupMenu Dxpc          '弹出“导线平差”的子菜单
  End If
End Sub
```

运行程序，单击鼠标右键，这时快捷菜单设计效果如图 7-3 所示。

4 用“VB 应用程序向导”自动建立菜单

大多数 Windows 应用程序都具有形式大同小异的菜单栏和工具栏。利用 VB 6.0 中的应用程序向导，根据向导中的友好提示，用户只需作出简单的选择，便可自动地生成常用菜单和工具栏框架，以后再根据不同应用程序的要求，添加一些具体细节，或作一些修改便可，这样会大大简化应用程序的菜单栏与工具栏的建立和编辑工作。

用应用程序向导自动生成常用菜单栏和工具栏框架的步骤是：首先执行“文件”菜单中的“新建工程”菜单项，出现“新建工程”对话框，如图 7-4 所示，从中选择“VB 应用程序向导”选项，单击“确定”按钮；接着，在随后出现的“应用程序向导 - 介绍”对话框中单击“下一步”按钮，在“应用程序向导 - 界面类型”对话框中选择第二项（单文档），以便生成单文档应用程序，再单击“下一步”按钮。出现“应用程序向导 - 菜单”对话框，如图 7-5 所示。对话框分两栏，左边的列表是应用程序菜单中显示的主菜单，右边的列表是对应主菜单中包含的子菜单项。通过单选框来选择应用程序是否包含该菜单。菜单中的一些针对具体应用程序的细节部分可用菜单编辑器再进行编辑。

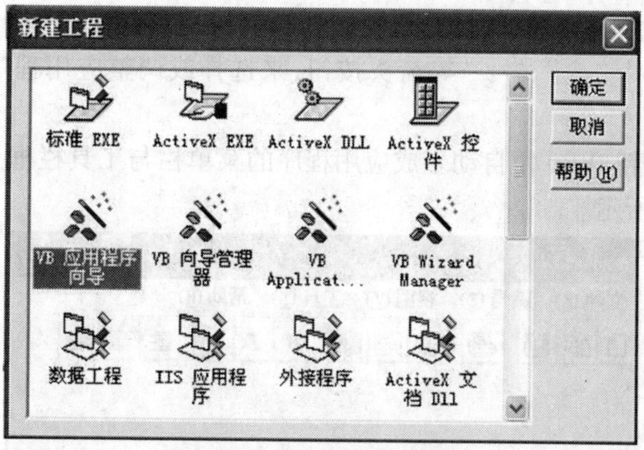

图 7-4 “新建工程”对话框

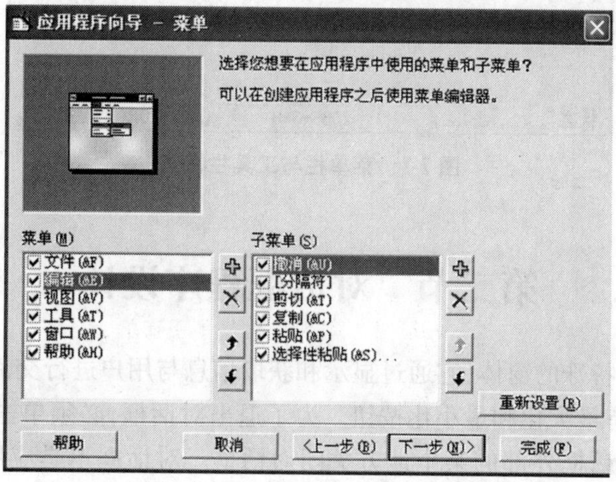

图 7-5 “应用程序向导－菜单”对话框

单击“下一步”按钮，出现“应用程序向导－自定义工具栏”对话框，如图 7-6 所示。

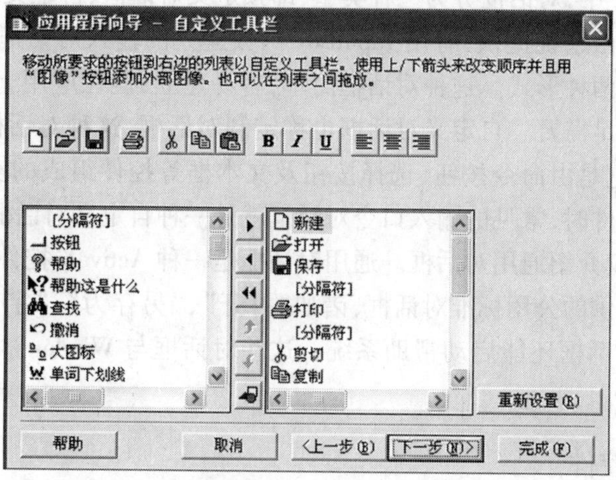

图 7-6 “应用程序向导－自定义工具栏”对话框

对话框分两栏，左边列表框中列出工具栏的可选项，右边列表框中列出工具栏中的已有项。通过"←"、"→"、"↑"、"↓"等箭头按钮，来选择或调整应用程序的工具栏选项和次序。

单击"完成"按钮，VB6 便自动生成应用程序的菜单栏与工具栏框架，运行此程序，其执行效果如图 7-7 所示。

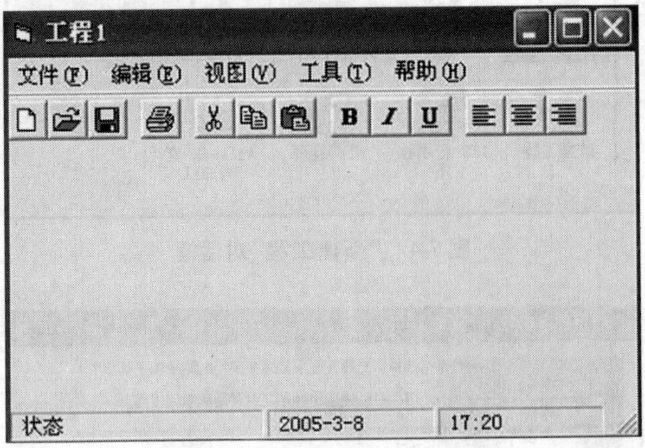

图 7-7　菜单栏与工具栏框架

第二节　对话框程序设计

对话框是一种特殊的窗体，它通过显示和获取信息与用户进行交流。通常，对话框的边框是固定的，没有最大化和最小化按钮。为了退出对话框，必须单击其中的某个按钮，而不能通过单击对话框外部的某个地方关闭对话框。对话框不是应用程序的主要工作区，只是临时使用，使用后就关闭。对话框中控件的属性可以在设计阶段设置，但在有些情况下，必须在程序运行时设置控件的属性。在对话框程序设计时，应注意上述特点。

在 Visual Basic 中，对话框分为三种类型，即预定义对话框、自定义对话框和通用对话框。预定义对话框由系统提供，有用 InputBox 函数建立的输入对话框和用 MsgBox 函数建立的信息对话框两种形式。这种对话框简单，容易建立，但在应用上有一定的限制，在有些情况下无法满足需要。自定义对话框也称定制对话框，这种对话框由用户根据需要自行定义。通常，它是由命令按钮、选择按钮及文本框等控件组成的实现人机对话的窗体。在打开应用软件时，常见的输入口令对话框就是一种自定义对话框。

在这一节中，仅介绍通用对话框。通用对话框是一种 ActiveX 控件，它是 Visual Basic 为程序设计人员提供的公用标准对话框，诸如"打开"、"另存为"、"字体"、"颜色"和"打印"等，另外通用对话框还能启动帮助系统。这些对话框与 Windows 本身及许多应用程序具有相同的风格。

1　通用对话框控件

通常，启动 Visual Basic 后工具箱中没有通用对话框控件，要使用通用对话框控件，需要按下列步骤在工具箱中加入通用对话框控件。首先执行“工程”菜单中的“部件”菜单项，然后在“部件”对话框中选择“控件”选项卡中的“Microsoft Common Dialog Control 6.0”，单击“确定”按钮后，通用对话框控件即被加到工具箱中，如图 7-8 所示。在程序设计时，通用对话框控件以图标形式显示在窗体上，可以把它放在窗体中的任何位置，其大小不能改变，程序运行时它会消失，不出现在窗体上。

图 7-8　通用对话框控件

通用对话框的类型可以通过 Action 属性设置，也可以用相应的方法设置。表 7-2 列出了各类对话框对应的 Action 属性和方法。

表 7-2　通用对话框的类型、属性、方法列表

各类对话框	Action 属性值	方法
显示“打开”文件对话框	1	ShowOpen
显示“另存为”文件对话框	2	ShowSave
显示“颜色”对话框	3	ShowColor
显示“字体”对话框	4	ShowFont
显示“打印”对话框	5	ShowPrinter
调用 Windows 帮助	6	ShowHelp

对话框的这些属性可以在通用对话框控件的属性窗口中设置，也可以在事件过程中通过编写代码来设置，见图 7-9。

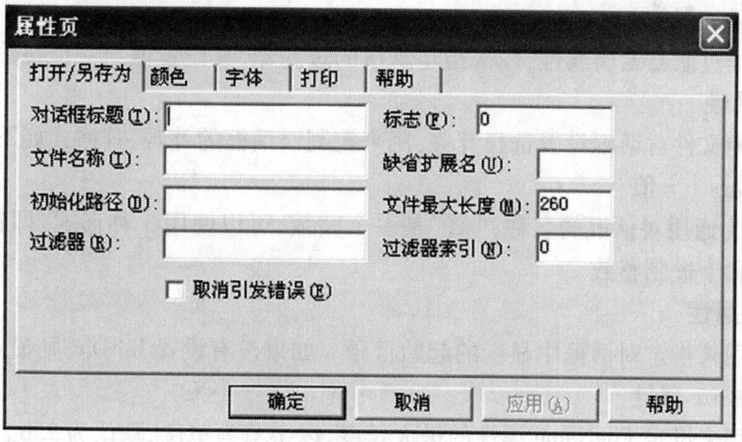

图 7-9　通用对话框属性页

2　文件对话框

文件对话框分为两种，即“打开”文件对话框和“另存为”文件对话框。用户通过“打开”文件对话框可以指定一个文件，由程序使用。而“另存为”文件对话框可以指定一个文件，并以这个文件名保存当前文件。“打开”和“另存为”文件对话框外观基本相同，仅标题不同，它可用来指定驱动器、目录、文件扩展名和文件名。程序运行时选定文件并关闭对话框后，可用 FileName 属性获取选定的文件名。

“打开”和“另存为”文件对话框的常用属性如下。

2.1 DefaultEXT 属性

该属性用来设置对话框中默认文件类型，即扩展名。该扩展名出现在“文件类型”栏内。如果没有给出扩展名，则自动将 DefaultEXT 属性值作为其扩展名。

2.2 DialogTitle 属性

该属性用来设置对话框的标题。

2.3 FileName 属性

该属性用来设置或返回要打开或保存的文件的路径及文件名。

2.4 FileTitle 属性

该属性用来指定文件对话框中所选择的文件名(不包括路径)。该属性与 FileName 属性的区别是：FileName 属性用来指定完整的路径，而 FileTitle 属性仅指定文件名。

2.5 Filter 属性

该属性用来指定在对话框的文件列表框中列出的文件类型。用该属性可以设置多个文件类型，供用户在对话框的“文件类型”的下拉列表中选择。Filter 的属性值由一对或多对文本字符串组成，每对字符串用管道符“|”隔开，在“|”前面的部分称为描述符，后面的部分一般为通配符和文件扩展名，称为“过滤器”。其使用格式为：

对话框名. Filter ="描述符 1|过滤器 1|描述符 2|过滤器 2|……"

具体应用见例 7-3。

2.6 FilterIndex 属性

该属性是过滤器索引属性，用来指定默认的过滤器，其设置值为一个整数。

2.7 Flags 属性

该属性为文件对话框设置选择开关，用来控制对话框的外观，其格式如下：

对象. Flags [=值]

其中“对象”为通用对话框的名称；“值”是一个整数，可以使用 3 种形式，即符号常量、十六进制整数和十进制整数。

2.8 InitDir 属性

该属性用来指定对话框中显示的起始目录。如果没有设置 InitDir，则显示当前目录。

2.9 MaxFileSize 属性

该属性用来设定 FileName 属性的最大长度，以字节为单位，默认为 256。

2.10 CancelError 属性

如果该属性被设置为 True，则当单击 Cancel 按钮关闭对话框时，将显示出错信息，如果设置为 False，则不显示出错信息。

【例 7-3】 创建一个使用“打开”文件对话框的应用程序。

建立一个新工程，在工具箱中加入通用对话框控件并画在 Form1 窗体上，其属性为默认值。添加两个命令按钮,Caption 属性分别为“打开”和“退出”。再添加一个 Text 文本框,其属性为默认值,文本框用于显示在“打开”文件对话框中选定的文件名,如图 7-10 所示。为两个命令按钮编写程序代码如下:

```
Private Sub Command1_Click()
  CommonDialog1.DefaultExt = "TXT"        '设置默认的文件类型
  CommonDialog1.Filter = "all files (*.*)|*.*|text files (*.txt)|*.txt|"
      '指定文件列表框中列出的文件类型
  CommonDialog1.FilterIndex = 2 '设置过滤器的值
  CommonDialog1.Action = 1   '显示“打开”文件对话框
  If CommonDialog1.FileName = ""Then
    MsgBox "没有选择文件"
  Else
    Text1.Text = CommonDialog1.FileName
  End If
End Sub

Private Sub Command2_Click()
  End
End Sub
```

执行程序,结果如图 7-11 所示(示例选择了 C:\cass40\demo\zhd.txt 文件)。

图 7-10 “打开”文件对话框程序设计界面

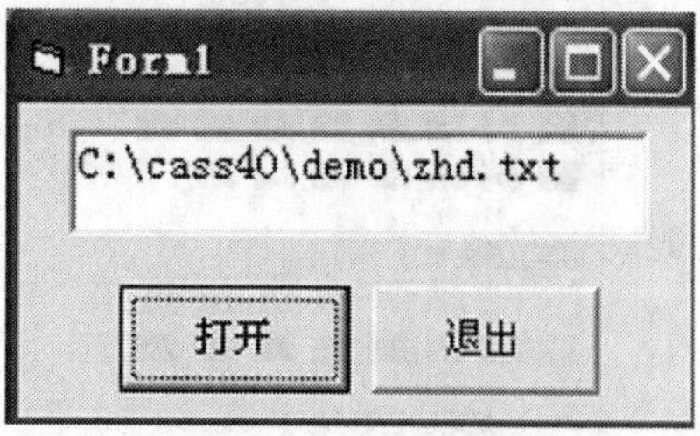

图 7-11 “打开”文件对话框程序运行结果

3 其他对话框

用通用对话框控件除能建立“文件”对话框外,还可以建立“颜色”、“字体”、“打印”和“帮助”对话框等。

3.1 “颜色”对话框

使用“颜色”对话框可在调色板中选择颜色,或者创建并选定自定义颜色。“颜色”对话框有两个重要的属性,即颜色(Color)属性和标志(Flags)属性。Color 属性用来设置初始颜色,并把在对话框中选择的颜色返回给应用程序,该属性是一个长整型数。Flags 属性的取值见表 7-3。

表 7-3 “颜色”对话框的 Flags 属性取值

符号常量	值	作用
vbCCRGBInit	1	使 Color 属性定义的颜色在首次显示对话框时显示出来
vbCCFullOpen	2	打开完整的“颜色”对话框,包括“用户自定义颜色”窗口
vbCCPreventFullOpen	4	禁止选择“规定自定义颜色”按钮
vbCCShowHelp	8	显示一个“Help”按钮

【例 7-4】 建立一个“颜色”对话框,用来设置文本框的背景色。

在窗体上画一个通用对话框控件、一个文本框和一个命令按钮,然后编写命令按钮的事件过程:

```
Private Sub Command1_Click()
    CommonDialog1.Flags = 2    '显示完整的“颜色”对话框
    CommonDialog1.Action = 3    '打开“颜色”对话框
    Text1.BackColor = CommonDialog1.Color    '设置文本框背景色
End Sub
```

执行上面的程序,将显示一个“颜色”对话框,选择一种颜色,然后单击命令按钮,即可把文本框的背景设置为所选择的颜色。如图 7-12、图 7-13 所示。

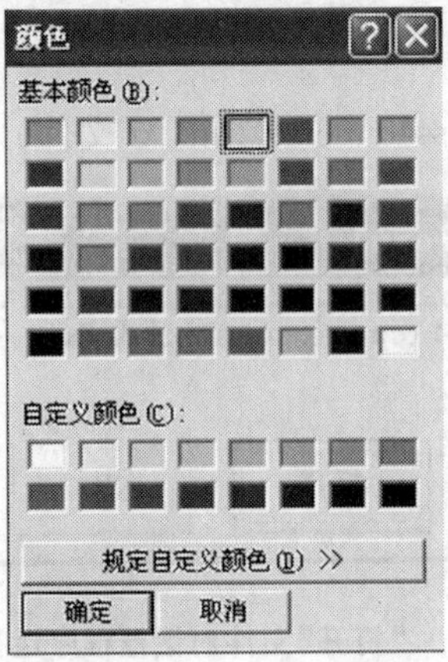

图 7-12 “颜色”对话框

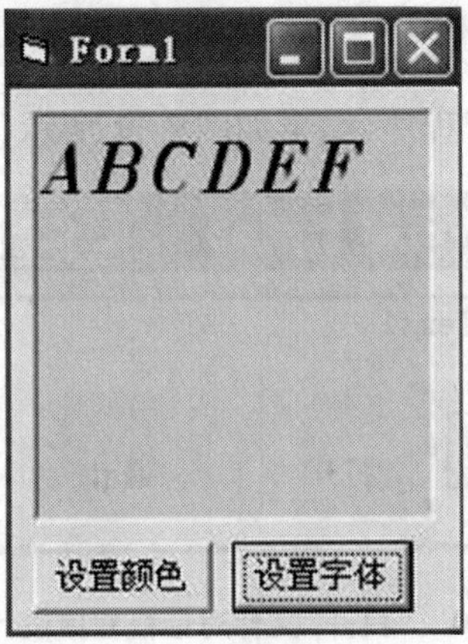

图 7-13 设置颜色与字体

3.2 “字体”对话框

“字体”对话框用于设置字体的大小、字形、文字的效果等属性,“字体”对话框如图 7-14所示。显示“字体”对话框的方法是 ShowFont,也可以通过将对话框控件的 Action 属性设置为 4 来显示“字体”对话框。“字体”对话框的 Flags 属性取值见表 7-4。

“字体”对话框还有 FontBold 属性(是否选定粗体)、FontItalic 属性(是否选定斜体)、FontName 属性(选定字体名称)、FontSize 属性(选定字体大小)、FontStrikeThru 属性(是否选定删除线)和 FontUnderline 属性(是否选定下划线)等。这些属性可以在对话框中选择,也可以通过程序代码赋值。

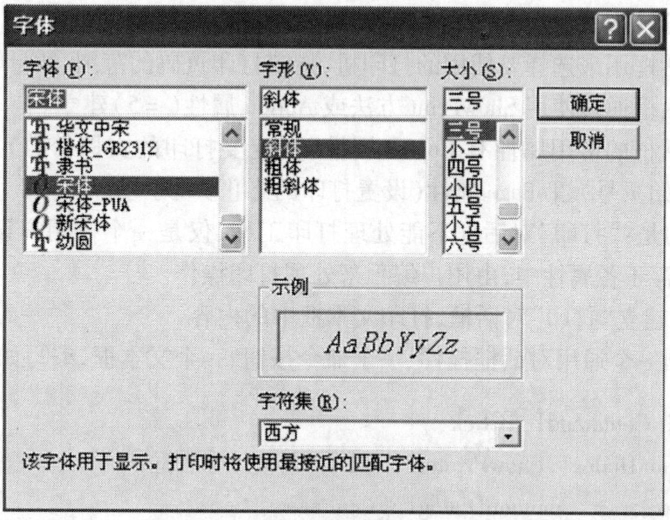

图 7-14 “字体”对话框

表 7-4 “字体”对话框的 Flags 属性取值

符号常量	值	作用
cdlCFScreenFonts	1	使用屏幕字体
cdlCFPrintFonts	2	使用打印机字体
cdlCFBoth	3	用打印机和屏幕字体
cdlCFEffects	100	出现删除线、下划线、颜色元素

【例 7-5】 建立一个“字体”对话框，用来设置文本框中文本的字体。

在例 7-4 的基础上，增加一个命令按钮，其 Caption 属性为“设置字体”，编写该命令按钮的事件过程：

```
Private Sub Command2_Click()
    CommonDialog1.Flags = 3
    CommonDialog1.ShowFont
    Text1.FontName = CommonDialog1.FontName    '设置字体名称
    Text1.FontSize = CommonDialog1.FontSize   '设置字体大小
    Text1.FontBold = CommonDialog1.FontBold    '设置粗体属性
    Text1.FontItalic = CommonDialog1.FontItalic    '设置斜体属性
End Sub
```

执行上面的程序，将显示一个“字体”对话框（如图 7-14 所示），选择字体、大小和斜体属性，然后单击命令按钮。程序执行结果如图 7-13 所示。

3.3 “打印”对话框

“打印”对话框用来选择要使用的打印机,指定打印页码的范围、数量等。

“打印”对话框通过使用 ShowPrint 方法或 Action 属性(=5)建立。

“打印”对话框的常用属性有 Copies 属性(指定要打印的文档份数)、FromPage 属性(设置打印的起始页号)、ToPage 属性(设置打印的终止页号)等。

需要注意的是:“打印”对话框不能处理打印工作,仅是一个供用户设置打印参数的界面,所选参数存于各属性中,由用户编程来处理打印操作。

【例 7-6】 建立“打印”对话框,打印文本框中的内容。

在窗体上画一个通用对话框控件、一个命令按钮、一个文本框,编写如下事件代码:

```
Private Sub Command1 _ Click( )
    CommonDialog1. ShowPrinter   '显示“打印”对话框
    beginpage = CommonDialog1. FromPage
    endpage = CommonDialog1. ToPage
    numcopies = CommonDialog1. Copies
    For i = 1 To CommonDialog1. Copies
        Printer. Print Text1. Text          '打印文本框中的内容
    Next i
End Sub
```

运行上面的程序,在文本框中输入文本,单击命令按钮,将显示“打印”对话框,打印文本框中的内容。

3.4 “帮助”对话框

“帮助”对话框使用的方法是 ShowHelp。在使用 ShowHelp 方法前,必须通过“帮助”对话框控件的 HelpFile 属性,设置帮助文件(*. HLP)的路径及文件名称,并将“帮助”对话框控件的 HelpCommand 属性设置为一个常数,以告诉 Help 引擎要提供何种类型的帮助,否则,程序无法显示对应的帮助文件。而帮助文件本身需要用 Microsoft Windows Help Compiler,即 Help 编辑器创建。

例如,在窗体上画一个通用对话框和一个命令按钮,然后编写如下的代码,用于显示 ACAD 2000 的帮助文件:

```
Private Sub Command1 _ Click( )
  CommonDialog1. HelpCommand = cdlHelpForceFile    '显示帮助目录的主题
  CommonDialog1. HelpFile ="C:\Program Files\ACAD 2000\HELP\acad _ cg. hlp"
  '设置帮助文件的路径和名称
  CommonDialog1. ShowHelp    '显示 ACAD 2000 帮助目录的主题
End Sub
```

第三节　多重窗体程序设计

通常,一个简单的 Visual Basic 应用程序对应着一个窗体,称为单窗体程序。在实际应用中,特别是对一些较复杂的应用程序,单一窗体往往很难满足需要,必须通过多重窗体来实现,这就涉及应用程序对多个窗体的管理。

多重窗体程序设计有两种形式。一种形式是 MDI(Multiple Document Interface),即多文档界面。其表现形式是在单个容器窗体中创建包含多个窗体的应用程序,这个容器窗体称父窗体,被包含在父窗体中的其他窗体称子窗体,父窗体和子窗体的关系是主从关系,其标准表现形式见图 7-15。程序运行时,子窗体显示在其父窗体工作的空间之内。所有子窗体最小化时,它的图标只显示在父窗体内,而不是在 Windows 的任务栏中。当父窗体关闭或极小化时,子窗体也随之关闭或极小化。

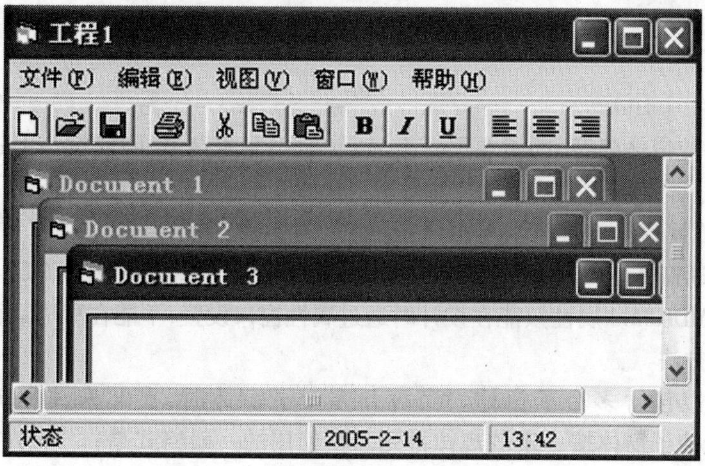

图 7-15　多重窗体的标准表现形式

多重窗体程序设计的另一种形式,是创建由相互独立的若干窗体组成的多重窗体应用程序。这些窗体之间没有从属关系,窗体显示的空间也不受其他窗体制约,任何一个窗体最小化时,它的图标均显示在 Windows 的任务栏之内。例如,Microsoft Word 允许创建并显示不同样式的多文档窗体,而这些窗体之间没有从属关系。这可以通过在 Microsoft Word 中创建多文档窗体来观察。

1　与多重窗体程序设计有关的语句和方法

多重窗体实际上是单一窗体的集合,对每个窗体的界面设计和事件代码的编写与以前介绍的完全一样,须注意的是各个窗体之间的相互关系。在多窗体程序设计时,常需要打开、关闭、隐藏或显示指定的窗体,这可通过相应的语句和方法来实现。

1.1　Load 语句

格式如下:

Load 窗体名称

"窗体名称"是窗体的 Name 属性。Load 语句把一个窗体装入内存。但此时窗体并没有显示出来。

1.2 Unload 语句

格式如下:

Unload 窗体名称

该语句与 Load 语句的功能相反,它从内存中卸载指定的窗体。

1.3 Show 方法

格式如下:

[窗体名称.] Show [模式]

Show 方法用来显示一个窗体。如果省略"窗体名称",则显示当前窗体。参数"模式"用来确定窗体的状态,可以取 0 或 1。当"模式"值为 1(或常量 vbModal)时,表示鼠标只在此窗体内起作用。

1.4 Hide 方法

格式如下:

[窗体名称.] Hide

Hide 方法使窗体隐藏,即不在屏幕上显示,但仍在内存中,因此它与 Unload 语句的作用是不一样的。

1.5 MDIChild 属性

当一个普通窗体的 MDIChild 属性被设为 True 时,则该窗体将成为 MDI 标准形式中的一个子窗体。MDIChild 属性只能在设计时通过属性窗口设置,不能在程序运行中改变。

1.6 Arrange 方法

MDI 中可以包含多个子窗体。当打开多个子窗体时,在父窗体 MDIForm 中使用 Arrange方法能使子窗体按一定的规律排列。其使用的一般格式是:

[MDIForm 名.] Arrange [参数]

格式中的"参数"是一个整数,表示所使用的排列方式,系统提供 4 种选择:

0——使所有正常显示的子窗体按层叠方式排列;

1——使所有正常显示的子窗体按水平方式排列;

2——使所有正常显示的子窗体按垂直方式排列;

3——使所有正常显示的子窗体重新排列整齐。

2 创建相互独立的多窗体应用程序

下面通过例题介绍由若干相互独立窗体组成的应用程序的创建过程。

【例 7-7】 设计一个由 4 个窗体组成的程序,介绍"测量平差软件"中收集的程序。各窗体的名称、标题见表 7-5。

该程序的执行顺序是:

(1)显示封面窗体。

(2)单击封面窗体中的"继续"按钮,封面窗体消失,显示列表窗体;如果单击"退出"按钮,则结束程序。

表 7-5　程序中用到的窗体

窗体	标题	名称
封面窗体	平差程序简介	Form1
列表窗体	平差程序列表	Form2
程序介绍窗体 1	单导线平差	Form3
程序介绍窗体 2	水准网平差	Form4
程序介绍窗体 3	边角网平差	Form5
程序介绍窗体 4	混合网平差	Form6

(3)列表框中列出程序目录,双击某程序名称后,列表窗体消失,显示相应的程序介绍窗体;如果单击"返回"按钮,则返回封面窗体。

程序设计步骤如下:

第一步,建立封面窗体。

建立一新工程。屏幕上出现该工程的第一个窗体 Form1,它用做封面窗体。窗体上有一个图片和两个命令按钮,见图 7-16。图片可用作图软件来设计,在 Form1 的 Picture 属性中装入。两个命令按钮的 Caption 属性分别设置成"继续"与"退出",其余属性均为默认。执行"工程"菜单中的"属性"命令,将 Form1 窗体设置为启动窗口。为"继续"、"退出"两命令按钮编写事件代码:

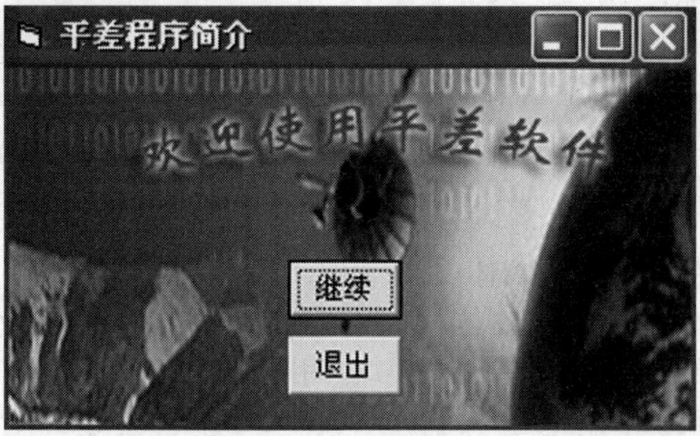

图 7-16　封面窗体

```
Private Sub Command1 _ Click( )
    Form2. Show          '显示列表窗体
    Form1. Hide          '封面窗体消失
End Sub
Private Sub Command2 _ Click( )
    End
End Sub
```

第二步,建立列表窗体。

执行“工程”菜单中的“添加窗体”命令,增加一个窗体 Form2,这个窗体用做列表窗体。在窗体上画一个标签、一个列表框和一个命令按钮,见图 7-17。标签的 Caption 属性设置成“请选择程序名”,命令按钮的 Caption 属性设置成“返回”,其余属性均为默认。为“返回”命令按钮、装入列表窗体编写事件代码:

```
Private Sub Command1 _ Click( )      '返回封面窗体
    Form2. Hide        '列表窗体消失
    Form1. Show        '显示封面窗体
End Sub

Private Sub Form _ Load( )      '装入列表框的内容
    List1. AddItem "单导线平差":List1. AddItem "水准网平差"
    List1. AddItem "边角网平差":List1. AddItem "混合网平差"
End Sub

Private Sub List1 _ DblClick( )      '响应双击操作(仅列出两项)
  Select Case List1. ListIndex
  Case 0
    Form3. Show
  Case 1
    Form4. Show
  End Select
End Sub
```

第三步,建立平差程序介绍窗体。

执行“工程”菜单中的“添加窗体”命令,增加一个窗体 Form3,这个窗体用来介绍某一个平差程序,如单导线平差程序,见图 7-18。用同样的方法可添加其他窗体。单导线平差程序介绍窗体代码如下:

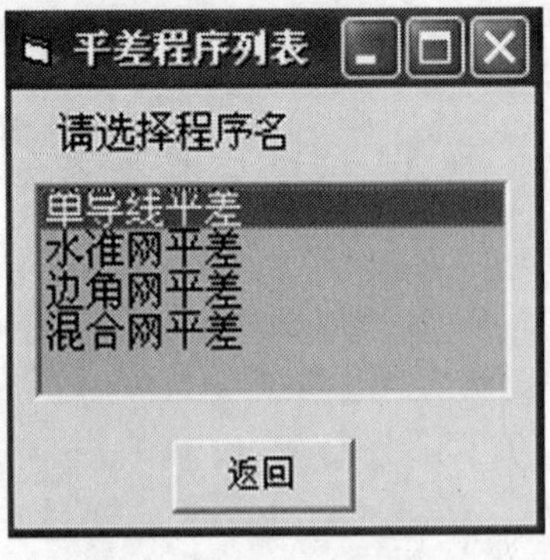

图 7-17　封面窗体

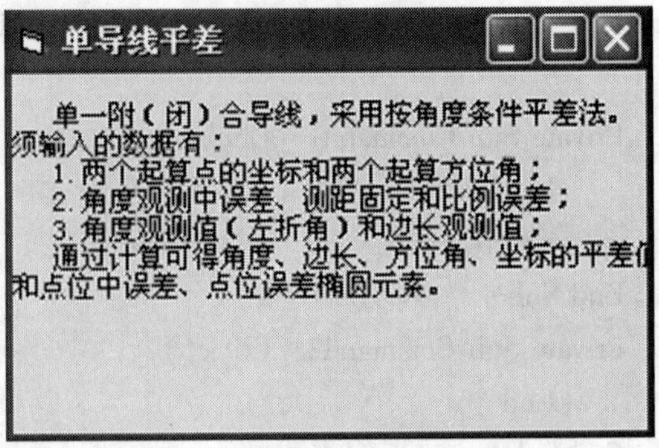

图 7-18　单导线平差程序介绍窗体

```
Private Sub Form_Load()
    Show
    Print
    Print Tab(4); "单一附(闭)合导线,采用按角度条件平差法。"
    Print "须输入的数据有:"
    Print Tab(4); "1. 两个起算点的坐标和两个起算方位角;"
    Print Tab(4); "2. 角度观测中误差、测距固定和比例误差;"
    Print Tab(4); "3. 角度观测值(左折角)和边长观测值;"
    Print Tab(4); "通过计算可得角度、边长、方位角、坐标的平差值"
    Print "和点位中误差、点位误差椭圆元素。"
End Sub
```

执行程序,效果见图 7-16 ~ 图 7-18。

3 创建 MDI 窗体应用程序

多重窗体应用的另一种形式是程序由一个父窗体和若干个子窗体组成。下面仍通过一个例子来介绍这种应用程序的创建过程。

【例 7-8】 建立一个可以打开多个文档窗体的框架程序。

程序设计步骤如下:

第一步,建立父窗体。

执行"文件"菜单中的"新建工程"命令,建立一个新工程。屏幕上出现该工程的第一个窗体 Form1。再执行"工程"菜单中的"添加 MDI 窗体"命令,在对话框中单击"打开"命令按钮,为当前工程添加一个 MDI 父窗体。一个工程文件中只能含有一个 MDI 窗体,系统默认其名称为 MDIForm1。

第二步,设计父窗体菜单。

MDIForm1 窗体的菜单项设置内容见表 7-6。

表 7-6 菜单项设置内容

分类	标题	名称	内缩符号
主菜单项 1	文件	File	
子菜单项 1	新建	New	....
主菜单项 2	编辑	Edit	
主菜单项 3	视窗	Window	
子菜单项 1	垂直平铺	VerP	....
主菜单项 4	退出	Quit	

第三步,设计子窗体。

将 Form1 窗体的 MDIChild 属性设置为 True,使其成为 MDIForm1 窗体的第一个子窗体。将 Form1 窗体的 MaxButton(最大化按钮)和 MinButton(最小化按钮)属性设置为

False,Form1 窗体的其余属性取默认值。然后在该窗体上建立一个文本框,并将文本框的 Text 属性设置为空白,MultiLine 属性设置为 True(多行显示)。

第四步,编写程序代码。

在工程资源管理器窗口中选定 MDIForm1 窗体,进入 MDIForm1 窗体的程序代码窗口。

为父窗体装入编写代码:

```
Dim num As Integer                  '定义计数变量
Dim ct(10) As New Form1             '定义窗体对象数组变量
Private Sub MDIForm_Load()          'MDIForm1 窗体装入事件过程
  num = 1                           '计数变量初始化
End Sub
```

为菜单项编写代码:

```
Private Sub new_Click()        '新建菜单项的单击事件过程
    ct(num).Caption = "文档" & num    '设置子窗体的标题
    ct(num).Show               '显示子窗体
    num = num + 1              '计数变量加 1
End Sub

Private Sub VerP_Click()
  MDIForm1.Arrange 2           '垂直平铺窗口
End Sub

Private Sub quit_Click()       '退出菜单项的单击事件过程
 End
End Sub
```

执行“工程”菜单中的“工程 1 属性”命令,将 MDIForm1 窗体设置为启动窗体。

程序运行后,首先显示 MDI 的父窗体 MDIForm1。用鼠标单击主菜单项“文件”下的“新建”子菜单项,在原来的 MDIForm1 父窗体内显示出 Form1 子窗体,作为文档的子窗体,用以接受用户的文本输入,见图 7-19。每单击主菜单项“文件”下的“新建”子菜单项一次,就会新建立一个子窗体。最多可建立 10 个子窗体。单击主菜单项“文件”下的“退出”子菜单项,即可退出运行程序。

通过以上两个程序设计的例子可见:

(1)多重窗体程序是单一窗体程序的集合,是在单一窗体程序的基础上建立起来的。利用多重窗体,可以把一个复杂的问题分解为若干个简单的问题。

(2)在单一窗体程序中,Visual Basic 的工程资源管理器窗口的作用并不重要,因为只有一个窗体文件。而在多重窗体程序中,工程资源管理器窗口就显得十分重要。每个窗体作为一个文件保存,当对某个窗体(包括界面和程序代码)进行修改时,应该在工程资

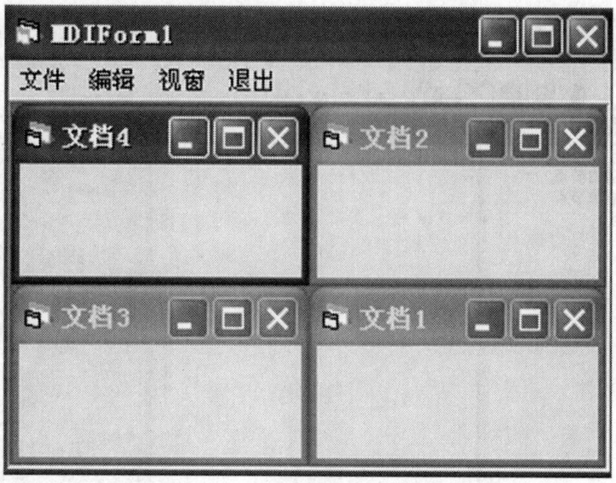

图 7-19 父窗体与子窗体

源管理器窗口中找到该窗体文件，然后调出界面或代码进行修改。

(3)在一般情况下，屏幕上某个时刻只显示一个窗体，其他窗体隐藏或从内存中删除。为了提高执行速度，暂时不显示的窗体通常用 Hide 方法隐藏。窗体隐藏后，不在屏幕上显示，仍在内存中，它要占用一部分内存空间。因此，当窗体较多时，应当用 Unload 方法删除一部分窗体，需要时再用 Show 方法显示，因为 Show 方法具有双重功能，即先装入后显示。

(4)多重窗体程序由多个窗体构成，究竟先从哪一个窗体开始执行呢？Visual Basic 规定，对于多重窗体程序，必须指定其中一个窗体为启动窗体。这可通过打开“工程”菜单中的“工程 1 属性”命令，在工程属性页面对话框中设置。如果未指定，就把设计时的第一个窗体作为启动窗体。对于有父窗体的多重窗体程序启动窗体为父窗体。

4 创建资源管理器样式应用程序

Windows 资源管理器样式应用程序由左边树形视图窗口，右边列表视图窗口，上边菜单栏、工具栏，下边状态栏等组成，如图 7-20 所示。

在新建 VB 应用程序向导过程中，选择“资源管理器样式”，完成向导，生成界面如图 7-20所示。

这种样式的应用非常广泛，一般后台包含一个数据库应用，将数据分类项填于左边 TreeView 对象，对左边 TreeView 的节点(Node)双击时，从数据库中选择同类分项数据明细填入右边 ListView 对象中，以达到分类查看的目的。

向导自动引用了微软 Windows 公用控件。下面的介绍来自 MSDN，着重在这两个对象的使用上。

在 TreeView 控件的 Nodes 集合中添加一个 Node 对象的语法为：

```
object. Add(relative,relationship,key,text,image,selectedimage)
```

TreeView 控件 Add 方法的语法说明见表 7-7。

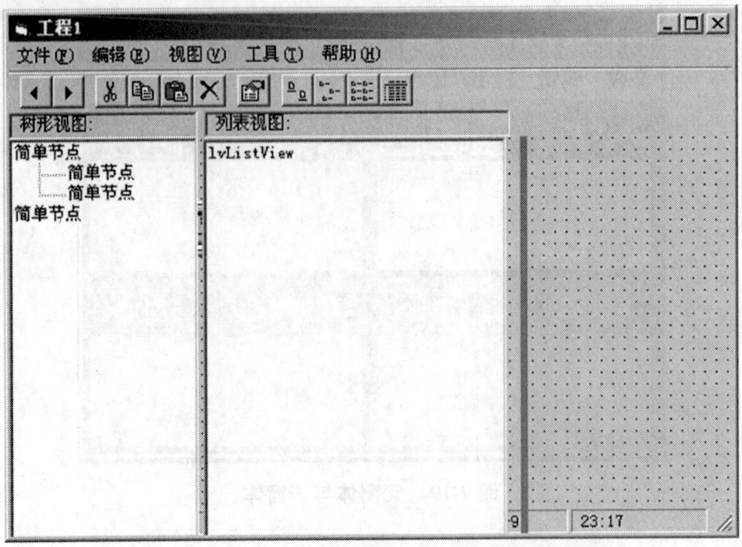

图 7-20 资源管理器样式应用程序界面

表 7-7 TreeView 控件 Add 方法的语法说明

部分	描述
object	必需的。对象表达式,其值是"应用于"列表中的一个对象
relative	可选的。已存在的 Node 对象的索引号或键值。新节点与已存在的节点间的关系,可在下一个参数 relationship 中找到
relationship	可选的。指定的 Node 对象的相对位置,如设置值中所述
key	可选的。唯一的字符串,可用于用 Item 方法检索 Node
text	必需的。在 Node 中出现的字符串
image	可选的。在关联的 ImageList 控件中的图像的索引
selectedimage	可选的。在关联的 ImageList 控件中的图像的索引,在 Node 被选中时显示

参数 relationship 的设置值说明见表 7-8。

表 7-8 参数 relationship 的设置值说明

常数	值	描述
tvwFirst	0	首节点。该 Node 和在 relative 中被命名的节点位于同一层,并位于所有同层节点之前
tvwLast	1	最后的节点。该 Node 和在 relative 中被命名的节点位于同一层,并位于所有同层节点之后。任何连续地添加的节点可能位于最后添加的节点之后
tvwNext	2	(缺省)下一个节点。该 Node 位于在 relative 中被命名的节点之后
tvwPrevious	3	前一个节点。该 Node 位于在 relative 中被命名的节点之前
tvwChild	4	(缺省)子节点。该 Node 成为在 relative 中被命名的节点的子节点

注意:如果在 relative 中没有被命名的 Node 对象,则新节点被放在节点顶层的最后位置。

添加 ListItem 对象到 ListView 控件的 ListItems 集合中并返回新创建对象的引用的语法为：

```
object. Add( index, key, text, icon, smallicon)
```

ListView 控件 Add 方法的语法说明见表 7-9。

表 7-9　ListView 控件 Add 方法的语法说明

部分	描述
object	必需的。对象表达式，其值是 ListItems 集合
index	可选的。指定在何处插入 ListItem 的整数。若未指定索引，则将 ListItem 添加到 ListItems集合的末尾
key	可选的。唯一的字符串表达式，用来访问集合成员
text	可选的。与 ListItem 对象控件关联的字符串
icon	可选的。当 ListView 控件设为图标视图时，此整数设置从 ImageList 控件中选定的欲显示的图标
smallicon	可选的。当 ListView 控件设为小图标时，此整数设置从 ImageList 控件中选定的欲显示的图标

注意：设置 icon 或 smallicon 属性之前必须先初始化它们。有两种初始化方法：在设计时，使用 ListView 控件属性对话框的“通用”选项卡指定 ImageList 对象；在运行时，使用下列代码初始化：

```
ListView1. icon = ImageList1          '假设 ImageList 为 ImageList1
ListView1. smallicon = ImageList2
```

如果列表尚未排序，则可使用 index 参数将 ListItem 对象插入到任意位置。如果列表已排序，则将忽略 index 参数并根据排序顺序把 ListItem 对象插入到适当的位置。

若未提供 index，则 ListItem 对象将被添加一个索引，此索引等于集合中 ListItem 对象的数目加 1。

当希望对象的 index 属性可变更时，例如希望动态地从集合中添加和删除对象时，使用 key 属性引用 ListItems 集合的成员。

练 习 题

7-1　建立“打开”、“另存为”、“颜色”、“字体”、“打印”和“帮助”对话框所使用的方法分别是什么？如果使用 Action 属性，则应把该属性值分别设置为多少？

7-2　设计一个文本浏览器，其中含有菜单，一个带水平和垂直滚动条的文本框。菜单项及其功能见表 7-10。

表 7-10　菜单项及其功能

菜单项	功能
文件	
‥‥打开	可用通用对话框打开文本文件
编辑	
‥‥复制	可复制文本
‥‥删除	可删除文本
设置	
‥‥颜色	可改变文本框颜色
‥‥字体	可改变字体的大小、字体
退出	

7-3　编写 Command1 按钮的 Click 事件过程，实现调用“另存为”文件对话框选择文件。

7-4　建立一个具有“剪切”、“复制”、“粘贴”、“删除”文本功能的快捷菜单。

7-5　建立一个工程，该工程包括两个窗体，每个窗体上均有命令按钮，通过按键可以在两个窗体之间切换。

7-6　用应用程序向导创建一个包含菜单栏、常用工具栏的 MDI 多重窗体应用程序框架。

第八章　Visual Basic 编程应用

本章将通过一些专业应用实例，在运用 Visual Basic 的基本知识的同时，展示一定的代码片段，重在从代码中学习程序设计的方法，并且应用已有的代码。

第一节　平面多边形的面积与周长

土地面积量算是地籍测量的重要组成部分，通过土地面积量算，可以为各级行政单位和土地权属单位提供必需的基础资料；在公路工程的设计、施工和管理中，需计算横断面的面积，最终确定工程的土石方工程量；面积计算还有库区的汇流面积计算、建筑物的占地面积计算等。因此，面积计算是工程中常见的、重要的一项计算工作，也是测量人员必须掌握的一项基本技术。

面积计算的方法很多，传统的量算方法有两种：一是使用以机械积分原理制成的求积仪；二是将要计算面积的图形绘制在格网纸上数格数。这两种方法的准确度取决于在量度面积之前绘制所测图形的精度。然而，对于大块面积，这些方法都很费时。随着测量手段和设备的发展，我们很容易获得所要量算区域边界上各个特征点的平面坐标，因而现实工作中大多采用坐标解析法计算面积。

利用坐标解析法，我们便要把这样的实际问题转化为一个数学问题：怎样求平面封闭多边形的面积与周长？

在 AutoCAD 中，如图 8-1 所示，我们在 PLine 多段线命令下，输入一组坐标，再输 C 闭合，然后，选中它，输入 List 命令，便会出现 AutoCAD 文本窗口，该窗口中列出本图形的如下数据：

AutoCAD 是怎样计算的呢？

➢ 面积；

➢ 周长；

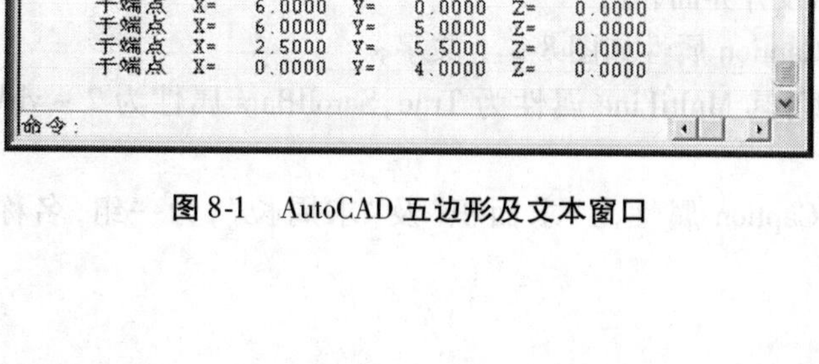

图 8-1　AutoCAD 五边形及文本窗口

➢ 各拐点坐标。

1　数学模型与方法说明

坐标解析法是利用几何图形各顶点坐标值计算面积的一种解析方法。几何图形可以是三角形或任意封闭多边形。

图 8-2 为一四边形，略去推证过程，直接写出其面积 S 的计算公式：

$$S = \frac{1}{2}[x_A(y_B - y_D) + x_B(y_C - y_A) + x_C(y_D - y_B) + x_D(y_A - y_C)] \tag{8-1}$$

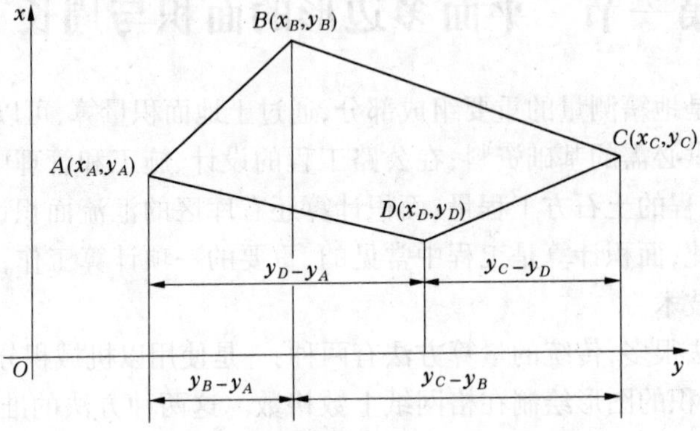

图 8-2　四边形面积计算示意图

对于任意闭合凸多边形，用下式计算：

$$\left.\begin{aligned} S &= \frac{1}{2}\left[\sum_{i=1}^{n} x_i(y_{i+1} - y_{i-1})\right] \\ &\text{或} \\ S &= \frac{1}{2}\left[\sum_{i=1}^{n} y_i(x_{i-1} - x_{i+1})\right] \end{aligned}\right\} \tag{8-2}$$

式中，x_i、y_i 分别为多边形边界上特征点的纵、横坐标。

下面是理论公式的另一写法：线段的长度用 S 表示，区域面积用 A 表示：

$$S = \sqrt{(x_1 - x_2)^2 + (y_1 - y_2)^2}$$

$$A = \frac{1}{2}[(x_1y_2 - x_2y_1) + (x_2y_3 - x_3y_2) + \cdots + (x_ny_1 - x_1y_n)]$$

周长应由各线段的长度相加求和而得。

让我们自己来编制一个小程序，根据拐点坐标计算面积和周长。

2　程序设计步骤

步骤 1：

按图 8-3 所示设计界面，有：

➢ 2 个标签，Caption 属性如图 8-2 上文字；

➢ 1 个文本框：其 MultiLine 属性为 True，ScrollBars 属性为 2 - vbVertical，即垂直滚动条；

➢ 3 个按钮：Caption 属性为“求面积”及“求周长”，为一组，名称都为 Command1，

Index属性分别为 0 和 1，另一个按钮 Caption 属性为“退出”，名称为 Command2；

➢ 窗体的 Caption 属性为“多边形面积与周长计算”，窗体 BorderStyle 属性为 4 – vb-FixedToolWindow，窗体 StartUpPosition 属性为 2 – 屏幕中央。

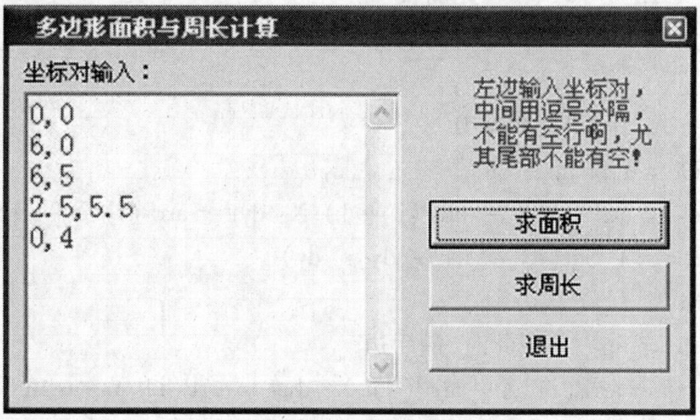

图 8-3　设计界面

步骤 2：

在代码窗口输入如下代码：

```
Private Type TPoint
    X As Double
    Y As Double
    'H As Double
End Type

Private Function Cal_Area(arrP() As TPoint) As Double
    np% = UBound(arrP)   'arrP()下标从 0 开始，求上标
    If np < 2 Then            '无面积
        Cal_Area = 0          '返回 0
    Else
        Dim A As Double: A = 0
        For i% = 0 To np - 1
            A = A + arrP(i).X * arrP(i + 1).Y - arrP(i + 1).X * arrP(i).Y
        Next i
            'i = np    '在此时，闭合
            A = A + arrP(i).X * arrP(0).Y - arrP(0).X * arrP(i).Y
        Cal_Area = Abs(A / 2)    '返回值
     End If
End Function
```

```
Private Function Cal_Len(arrP() As TPoint) As Double
    np% = UBound(arrP)  'arrP()下标从0开始,求上标
    If np < 1 Then          '无周长
        Cal_Len = 0         '返回0
    Else
        Dim c As Double: c = 0
        For i% =0 To np - 1
            dx# = arrP(i).X - arrP(i + 1).X: dy# = arrP(i).Y - arrP(i + 1).Y
            c = c + Sqr(dx * dx + dy * dy)
        Next i
            'i = np   '在此时,最后边
            dx# = arrP(i).X - arrP(0).X: dy# = arrP(i).Y - arrP(0).Y
            c = c + Sqr(dx * dx + dy * dy)
        Cal_Len = c           '返回值
    End If
End Function
```

该步骤有一个 TPoint 声明,作用于整个窗体模块,表示坐标对;两个函数分别用于计算面积和周长,其传入参数形式相同,均为 TPoint 类型的数组,表示封闭多边形的各拐点坐标;计算结果由函数名返回,双精度数据类型。

步骤3:

输入按钮对象的单击事件代码:

```
Private Sub command2_Click()
    Unload Me
End Sub
Private Sub Command1_Click(Index As Integer)
    '为函数调用准备数据
    s$ = Text1.Text
    If Right$(s, 2) = vbCrLf Then s = Left$(s, Len(s) - 2)
    s = Replace$(s, vbCrLf, ",")
    Dim p As Variant
    p = Split(s, ",")          '此时 p 为数组 0 ~ n
    n% = UBound(p)
    If n /2 = n \2 Then        '初步验证
        MsgBox "应该是偶数个数据"
        Exit Sub
    End If
```

```
    n = n \ 2: ReDim pp(0 To n) As TPoint
    For i = 0 To n
        pp(i).X = p(2 * i): pp(i).Y = p(2 * i + 1)
    Next i
    '调用函数
    If Index = 0 Then
        MsgBox "面积是:" & Cal_Area(pp)
    Else
        MsgBox "周长是:" & Cal_Len(pp)
    End If
End Sub
```

步骤4:

运行程序,在左边的文本框中输入点的坐标,每行2个数据,代表X,Y,中间用西文逗号分隔。注意,代码未对输入数据的合法性进行验证,请不要输入非数字字符,不能有空行等,代码只去掉了尾部多余的一个回车换行符 vbCrLf,并进行了简单的数据数目的验证。为调试方便,请在设计界面时,为文本框输入 Text 的属性值,即如图8-2所示的数据。

更多的验证代码,请读者试着加入。

步骤5:

示例代码中,不论是求面积还是求周长,对最后边都进行单独处理,显得有点烦琐,下面示例求周长的另一写法:

```
Private Function Cal_Len2(arrP() As TPoint) As Double
    np% = UBound(arrP)    'arrP()下标从0开始,求上标
    If np < 1 Then        '无周长
        Cal_Len2 = 0
    Else
        Dim c As Double: c = 0
        Dim tt As TPoint      '临时存放,当前点
        tt = arrP(np)         '末点
        For i% = 0 To np
            dx# = tt.X - arrP(i).X: dy# = tt.Y - arrP(i).Y
            c = c + Sqr(dx * dx + dy * dy)
            tt = arrP(i)      '当前点
        Next i
        Cal_Len2 = c          '返回值
    End If
End Function
```

在 Command1_Click 中的语句：

```
MsgBox "周长是:" & Cal_Len(pp)
```

后加一语句：

```
MsgBox "方法 2:周长是:" & Cal_Len2(pp)
```

运行结果将会相同，比较两法，你更喜欢哪一种，随你选用。求面积的相似写法，读者可仿效之。

步骤 6：

如果在界面上增加一个 PictureBox 对象，命名为 pic1，其 ScaleMode 属性为像素即值 3 - VbPixels，AutoRedraw 属性为 True，增加一个“绘图”按钮，其单击事件的代码中仿效 Command1_Click，在调用如下代码时实参为（pp，pic1）两个：

```
Private Sub Draw_PL(arrP() As TPoint, obj As PictureBox)
    np% = UBound(arrP)
    If np < 1 Then
        Exit Sub
    Else
        xmin = arrP(0).X: ymin = arrP(0).Y
        xmax = arrP(0).X: ymax = arrP(0).Y
        For i% = 1 To np
            If xmin > arrP(i).X Then xmin = arrP(i).X
            If ymin > arrP(i).Y Then ymin = arrP(i).Y
            If xmax < arrP(i).X Then xmax = arrP(i).X
            If ymax < arrP(i).Y Then ymax = arrP(i).Y
        Next i
        obj.Scale (xmin - 1, ymax + 1)-(xmax + 1, ymin - 1)      '重新定比例
        obj.PSet (arrP(np).X, arrP(np).Y)                        '定起点
        For i% = 0 To np
            obj.Line -(arrP(i).X, arrP(i).Y)                     '连续画线,闭合
        Next
    End If
End Sub
```

注意：PictureBox 对象采用默认的左上角至右下角的坐标系统，与实际不符，可通过重设 obj.Scale 语句来改变。本例采用笛卡儿坐标系。如果给出的坐标数据是测量系统的北向 X，东向 Y，则可在作图函数 PSet 和 Line 参数中交换（arrP(i).Y，arrP(i).X）位置的办法来解决。

第二节　单导线近似计算

图 8-4 的上部分称为附合导线，导线的前进方向为 A'—A—1—2—…—B—B'，我们设有 n 个未知点，则我们应该观测两个连接角，n 个左角，即一共有 $n+2$ 个角度，并观测 $n+1$ 个边长。为计算此题，还应该有 $\alpha_{A'A}$ 和 $\alpha_{BB'}$ 两个坐标方位角，这两个坐标方位角也是按前进方向给出的，当然还有 A、B 两点的已知坐标。

单导线计算分 3 步：

➢ 求角度闭合差及观测角改正数，原则为平均分配：

$$f_\beta = \alpha_A - \sum \beta - \alpha_B - n\pi$$

➢ 求坐标闭合差 Δx、Δy 及各边坐标改正数，原则为按边长比例分配：

$$x_{B'} = x_A + \sum \Delta x, \quad f_x = x_B - x_{B'}$$

$$y_{B'} = y_A + \sum \Delta y, \quad f_y = y_B - y_{B'}$$

➢ 求出平差坐标：

$$x_i = x_{i-1} + \text{改正后的 } \Delta x_{(i-1)i},\ y_i = y_{i-1} + \text{改正后的 } \Delta y_{(i-1)i}$$

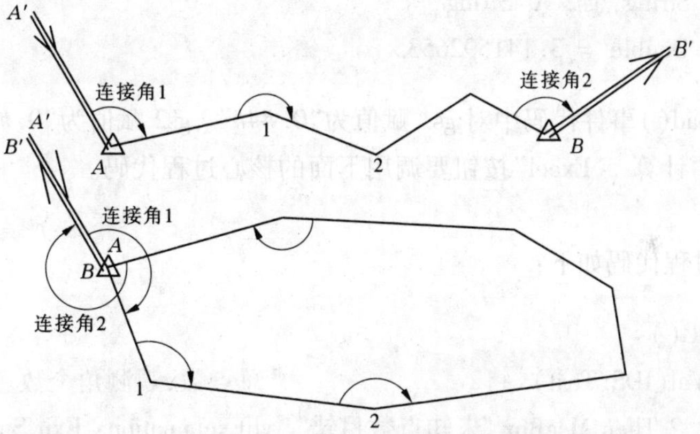

图 8-4　附合导线和闭合导线示意图

图 8-4 的下部分称为闭合导线，有的教科书上指出，观测 n 个内角和 1 个连接角，连接角不参与角度闭合差分配。在此，为统一计算，我们将下部分图形分拆为附合导线的形式，依然以两个连接角和左角参与运算，起点 A 即是终点 B，而已知坐标方位角 $\alpha_{A'A}$ 与 $\alpha_{BB'}$ 相差 180°。

步骤 1：

按图 8-5 设计界面，分为基本数据、观测左角（含两个连接角）、观测边长三部分。界面的样式随你设计，只要有相关数据项就行。示例中基本数据部分起点 A 及终点 B 共 6 个数据，文本框为一组，称为 t1(1) ~ t1(6)，未知点数文本框名称为 tDS，左角和边长都是多行文本框，名称为 tSS 及 tBB；其他界面随意设计即可。

图 8-5　单导线计算设计界面

步骤 2：

添加公共代码和按钮单击事件代码：

```
Dim gs1 As String, gs2 As String
Const pi As Double = 3.1415926535
```

在 Form_Load()事件代码中对 gs1 赋值为“0.###” ,gs2 赋值为“0.#####”；其余部分事件代码省略，“计算 ->Excel”按钮要调用下面的核心过程代码。

步骤 3：

添加核心过程代码如下：

```
Sub Start_PC()
    ds = Val(tDS.Text) + 2                    '总点数,观测角个数
    If ds < 2 Then MsgBox "未知点数目错", vbExclamation: Exit Sub

    ReDim dx(0 To ds - 1) As Double, dy(0 To ds - 1) As Double
    ReDim a方(0 To ds - 1) As Double       '方位角

    s1 = Replace(tBB.Text, " ", "")           '第一对引号中有一个空格
    s1 = Replace(s1, vbCrLf, " "): s1 = Trim$(s1)
    bi = Split(s1, " ")                       '此时 bi 变为数组
    If UBound(bi) <> ds - 1 Then
      MsgBox "观测角数目错", vbExclamation: Exit Sub
    End If
```

```
        s1 = Replace(tSS.Text, " ", "")          '第一对引号中有一个空格
        s1 = Replace(s1, vbCrLf, " "): s1 = Trim$(s1)
        si = Split(s1, " ")                       '此时 si 变为数组
        If UBound(si) <> ds - 2 Then
            MsgBox "观测边数目错", vbExclamation: Exit Sub
        End If
        '应验证
        xA = Val(t1(1).Text)
        yA = Val(t1(2).Text)
        aA = Val(t1(3).Text)
        xB = Val(t1(4).Text)
        yB = Val(t1(5).Text)
        aB = Val(t1(6).Text)

        hb = 0              '角度和
        fw = DEG(aA)        '方位
        For ir = 0 To ds - 1
            b1 = DEG(Val(bi(ir)))
            hb = hb + b1            '求和
            fw = fw + b1 - pi       '求每边的方位角
            If fw > 2 * pi Then     '方位角校正
                fw = fw - 2 * pi
            ElseIf fw < 0 Then
                fw = fw + 2 * pi
            End If
    Next
    fb = fw - DEG(aB)          '角度闭合差 = 最后方位之差
    fb = Int(fb * 180# * 36000 / pi) / 10

    fen = -fb / ds      '角度闭合差平均分配值,秒
    '------分配后的方位角----------------------
    fw = DEG(aA)      '方位
    For ir = 0 To ds - 1
        b1 = DEG(bi(ir)) + fen / 206265
        fw = fw + b1 - pi        '求每边的方位角
        If fw > 2 * pi Then        '方位角校正
```

```
        fw = fw - 2 * pi
    ElseIf fw < 0 Then
        fw = fw + 2 * pi
    End If
    a方(ir) = DMS(fw)
Next
'===========求fx、fy、hs===================
hx = 0: hy = 0: hs = 0       '用于累加
For ir = 0 To ds - 2
    a1 = DEG(a方(ir))
    dx(ir) = si(ir) * Cos(a1)     'Δx
    dy(ir) = si(ir) * Sin(a1)     'Δy

    hs = hs + si(ir)             '∑S
    hx = hx + dx(ir): hy = hy + dy(ir)   '∑Δx , ∑Δy
Next
fx = xA + hx - xB
fy = yA + hy - yB
fs = Sqr(fx * fx + fy * fy)
    If fs < 0.000001 Then fs = 0.000001
'==改正后的Δx、Δy,坐标闭合差fx、fy按边长成比例分配
For ir = 0 To ds - 1 - 1
    dx(ir) = dx(ir) - fx * si(ir) / hs
    dy(ir) = dy(ir) - fy * si(ir) / hs
Next
'=====下面用于调试:打印平差后各点的坐标===========
    x = xA: y = yA
    For ir = 1 To ds - 2
        x = x + dx(ir - 1)
        y = y + dy(ir - 1)
        Debug.Print ir;",";x;",";y
    Next
    Debug.Print "END"
'=============以下为输出到Excel的代码=请参见第九章=
'=====================略==============
End Sub
```

该过程中用到了 DEG、DMS 两个经典函数，是“弧度”与“度.分秒”的转换函数，不同于第三章的“度”与“度.分秒”转换例子，请将两个函数的代码复制到上面代码的后面。代码中用到的重要变量为 xA、yA、xB、yB、aA、aB，分别代表起点端、终点端的已知坐标及方位角，而 Bi()、si()、dx()、dy()、a 方()均为数组，分别代表观测左角、观测边、纵横坐标改正数、各边坐标方位角。

上面只列出了核心代码，控件的事件代码部分，相信读者自己能补齐。

写代码好像很难，其实，关键看你怎么去理解，请看下面的代码：

```
Private Sub My_Sum()
    Dim S As Long           '准备一个抽屉,叫 S
    S = 0                   '抽屉清空
    n% = 100
    For i = 1 To n
        S = S + i           '连续将不同的 i 值放入 S 中,共 n 次
    Next
    Debug.Print "S =" & S   '最后 S 为多少,显示出来看看
End Sub
```

下面是一个初学者的错误版本，类似于“猴子掰玉米”的结果，只要最后一个留着：

```
Private Sub My_Sum()
    Dim S As Long           '准备一个抽屉,叫 S
    n% = 100
    For i = 1 To n
        S = 0
        S = S + i
    Next
    Debug.Print "S =" & S   '最后 S 为多少,显示出来看看
End Sub
```

单导线计算代码中用得最多的就是累加：Bi()到 $\sum Bi$，Si()到 $\sum Si$，ΔXi()到 $\sum \Delta Xi$，ΔYi()到 $\sum \Delta Yi$ 等，只要你懂得 My_Sum 过程的意思，将 S = S + i 句稍加修改即可。

第三节　电脑派号

1　事出有因

2009 年 6 月 12 日，武汉市 5141 名困难家庭市民参与一个经济适用房小区公开摇号。结果摇中的 124 名市民中，有 6 人的购房资格证明编号是连号。

2009 年 7 月 29 日,湖北省老河口市第二期经济适用住房计算机摇号,从符合申请条件的 1138 户中摇出了 514 户购房者,并将购房者的名单进行了公布。当晚 19 时许,摇号结果在老河口市门户网站进行了公示。很快,就有老河口市民向媒体报料称,在公布的名单中,从 996 号到 1009 号连续 14 户资格证编号全部摇中,出现"14 连号"。

里面到底有无玄机?

2 界面设计及运行结果

设计如图 8-6 所示界面,两个文本框,txtN0 表示母本数,txtN1 表示样本数,两个列表框,lstMB 存放待抽取的母本编号,lstYB 存放抽取的样本编号,Label3 显示统计分析结果,两个按钮用于执行填充和统计操作。

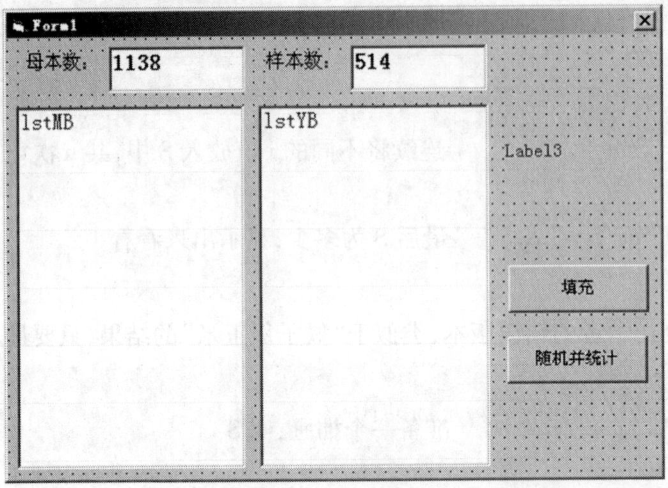

图 8-6 界面设计

图 8-7 是按"填充"按钮并按"随机并统计"按钮后运行的结果,结果显示在 156 的位置发生 9 连号。

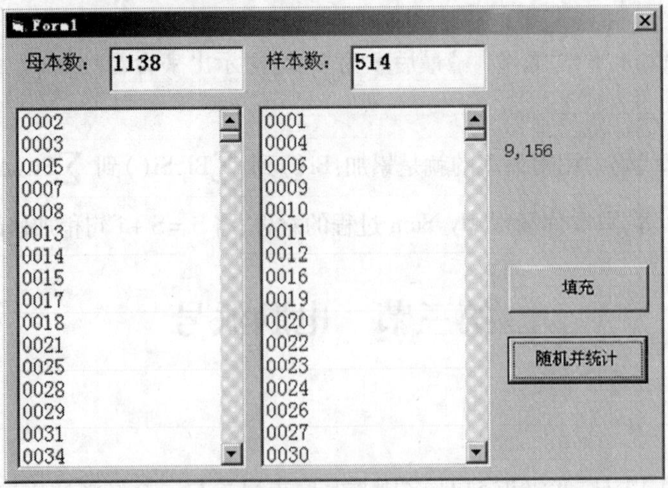

图 8-7 运行结果

3 程序代码

程序代码如下：

```
Dim N0 As Long      '窗体级变量,表示母本数量
Dim N1 As Long      '窗体级变量,表示样本数量
Private Sub cmd填充_Click()
    '单击"填充"按钮时运行下面的代码
    N0 = Val(txtN0.Text)

    lstMB.Clear
    Dim s1 As String
    For i = 1 To N0
        s1 = Format(i, "0000")
        lstMB.AddItem s1
    Next
End Sub

Private Sub cmd随机并统计_Click()
    '单击"填充"按钮时运行下面的代码
    N0 = Val(txtN0.Text)
    N1 = Val(txtN1.Text)

    Randomize Timer      '初始化随机函数
    lstYB.Clear
    For i = 1 To N1
        sc = N0 - i + 1              '保证抽取的项在左边列表框中
        idx = Int(Rnd() * sc)        '随机抽取一个序号
        xm1 = lstMB.List(idx)        '求该序号处的列表项

        lstYB.AddItem xm1            '添加到右边 lstYB 列表框中
        lstMB.RemoveItem idx         '从左边移除
    Next

''lstYB 设计时 Sorted = True
Max = 0: lh = 0                      '统计连号情况
```

```
    For i = 1 To N1 - 1
        If lstYB.List(i) - lstYB.List(i - 1) = 1 Then
            lh = lh + 1
            If lh > Max Then Max = lh: wei = i
        Else
            lh = 0
        End If
    Next
    ''显示最大连号数及位置
    Label3.Caption = Max + 1 & "," & wei
End Sub
```

4 结果分析

如果将母本、样本数量更改为5141人和124,反复运行,发现很难出现3个以上的连号。

技术证明,"6连号"里面有故事,且在武汉官场引发了强烈"地震",包括武汉市国土房产局副局长在内的一批人员因此受到严惩。

"14连号"事件在相关部门那里却"无任何问题",而且据华中科技大学概率统计专家核算,"14连号"的概率为1.4%。

另一种算法:用数组存放N0个顺序号,洗牌:抽取2个位置,交换数组中的元素值,将"洗"完的数据填N1个到列表框中,排序,统计连号情况。代码如下:

```
Private Sub cmd0k_Click()
    Dim N0 As Integer, N1 As Integer
    Dim Sc As Long      '倍数,洗牌次数 = Sc * N0

    N0 = Val(txtN0.Text)      '1138,母本数量
    N1 = Val(txtN1.Text)      '514,样本数量
    Sc = 100                  '倍数,洗牌次数=Sc*N0

    ReDim Ma(1 To N0) As Integer        '用于存放序号
    For i = 1 To N0: Ma(i) = i: Next

    Randomize (Timer)
    For i = 1 To Sc * N0
        i1 = Int(Rnd() * N0) + 1        '产生位置1
        i2 = Int(Rnd() * N0) + 1        '产生位置2
        t = Ma(i1): Ma(i1) = Ma(i2): Ma(i2) = t      '交换
    Next
```

```
    lstYB.Clear    'lstYB. Sorted = True      '设计时
    For i = 1 To N1  '将前面的 N1 个填到右边列表框中,排序
        lstYB. AddItem Format(Ma(i),"00000")
    Next

    Max = 0: lh = 0
    For i = 1 To N1 - 1      '找最大连号的位置
        If lstYB. List(i) - lstYB. List(i - 1) = 1 Then
            lh = lh + 1
            If lh > Max Then Max = lh
        Else
            lh = 1
        End If
    Next
    lab3. Caption = Max
End Sub
```

第四节　边角网坐标平差

在测量平差程序中,边角网是各种网:测角网、测边网、边角网、导线网的通用代表;为教学方便,本程序只针对一般网形(有足够的起算数据的满秩的)的边角网,按方向严密平差。

观测元素为:

- ➢ 方向;
- ➢ 边长。

1　基本理论

误差方程:

无论边长、方向的误差方程,均与其两端点坐标有关:

$$V = B\delta x + L, \quad 权阵\ P$$

边长的误差方程(4 个系数,与其端点坐标相关):

$$V_{sij} = -\frac{\Delta x_{ji}}{s_{ji}}\delta x_i - \frac{\Delta y_{ji}}{s_{ji}}\delta y_i + \frac{\Delta x_{ji}}{s_{ji}}\delta x_j + \frac{\Delta y_{ji}}{s_{ji}}\delta y_j + l$$

方向的误差方程(4 个系数,与其端点坐标相关):

$$V_{Lij} = \rho\frac{\Delta y_{ji}}{s_{ji}}\delta x_i - \rho\frac{\Delta x_{ji}}{s_{ji}}\delta y_i - \rho\frac{\Delta y_{ji}}{s_{ji}}\delta x_j + \rho\frac{\Delta x_{ji}}{s_{ji}}\delta y_j + l$$

如果端点为已知点,则对应项的系数为 0。程序中,为消除定向角未知数,只采用史赖伯第一法则:增加测站和方程。

法方程：

$$N\delta x + W = 0, \quad N = B^{T}PB, \quad W = B^{T}PL \quad (B^{T} \text{ 为 } B \text{ 的转置})$$

未知数求解：

$$\delta x = -QW \quad (Q \text{ 为 } N \text{ 的逆 } N^{-1})$$

精度评定：

$$Mu = \sqrt{[pvv]/r}$$

2 基本数据

(1)常量。

已知点数:Ny;

未知点数:Nn;

总点数:Np = Ny + Nn;

方向观测数:NL;

边长观测数:Ns;

单位权中误差:Mu。

(2)定权。

当边长由电子测距仪器测定时,其标称精度为:

$$a + b\ \text{ppm}D \quad (D \text{ 以 km 为单位})$$

方向等权时:

$$PLi = 1$$

自动计算边的权及精度时,各边的权由 ma、mb、si、Mu 自动计算:

$$ms = (ma + mb \times si / 1000) / 10;$$

$$Psi = Mu \times Mu / ms / ms$$

(3)近似坐标。

由其他方法预先求得。

3 信息化规则

已知点编号在前,未知点编号在后;从 1 开始。

方向信息:点点值——每行 3 个数据,用逗号分隔。

边长信息:点点值——每行 3 个数据,用逗号分隔。

4 数据文件及格式

共有 3 个数据文件,均是文本文件,你可以在任何文本编辑器下编辑,如记事本;下面要说明的是数据文件的格式及内容要求。

(1)已知数据:文件名称为 iM. txt。

<基本数据>

Ny, Nn

NL, Ns, 0

Mu, "a + b ppmD"
</基本数据>
<近似坐标>
i,x,y　　(已知点坐标和未知点近似坐标,Ny + Nn 行)
... ...
</近似坐标>
例如:

```
<基本数据>
3, 4
26, 12, 0
1.8, "5 +5 ppmD"
</基本数据>
<近似坐标>
1,  6.831 ,      622.6657
2,  -259.5795,   408.7632
3,  566.0005,    379.4615
4,  358.14,      578.71
5,  179.56,      -7.32
6,  -104.42,     106.95
7,  211.76,      344.30
</近似坐标>
```

(2)方向数据:文件名称为 iL. txt。
<方向观测>
p1, p2, L　　' 一行 3 个数, p = 1
... ...　　'NL 行
</方向观测>
例如:

```
<方向观测>
1,  2,  0
1,  6,  39.0353
1,  7,  87.3552
1,  4,  134.0629
2,  6,  0
2,  7,  55.0018
2,  1,  101.3312
3,  4,  0
3,  7,  49.2724
```

```
3,   5,   88.4853
4,   1,   0
4,   7,   65.0850
4,   3,   143.2030
5,   3,   0
5,   7,   39.4407
5,   6,   113.0311
6,   5,   0
6,   7,   58.4853
6,   1,   99.4450
6,   2,   139.0741
7,   1,   0
7,   2,   45.5107
7,   6,   90.3202
7,   5,   138.2422
7,   3,   239.1834
7,   4,   291.3921
</方向观测>
```

(按 p1 及 L 值排序,以方便计算测站和方程)

(3)边长数据: 文件名称为 iS. txt。

```
<边长观测>
p1, p2, S     '一行 3 个数,p = 自动算
... ...       'Ns 行
</边长观测>
```

例如:

```
<边长观测>
1,   7,   345.6653
1,   4,   354.0493
1,   6,   527.5727
2,   6,   339.3569
2,   7,   475.7296
3,   4,   287.9348
3,   7,   355.9790
3,   5,   546.7521
4,   7,   276.3633
5,   6,   306.1071
5,   7,   353.0921
6,   7,   395.3500
</边长观测>
```

(4)数据输出:分段存放在 out. txt 文件中。

例如:

```
[坐标平差值]
序,      x,                 y
1 ,      6.831 ,            622.6657
2 ,      -259.5795 ,        408.7632
3 ,      566.0005 ,         379.4615
4 ,      358.148 ,          578.711
5 ,      179.547 ,          -7.326
6 ,      -104.424 ,         106.951
7 ,      211.763 ,          344.298

[近似坐标改正数]
序,        dx,      dy
4,         .87,     .18
5,         -1.28,   -.52
6,         -.35,    .1
7,         .32,     -.18

[边长平差值]:12
D1,   D2,   S1(m),        V(cm),       S(m)
 1 ,   7 ,   345.6653 ,    0.2,        345.667
 1 ,   4 ,   354.0493 ,    0.7,        354.0559
 1 ,   6 ,   527.5727 ,    0.6,        527.5787
 2 ,   6 ,   339.3569 ,    0.1,        339.3579
 2 ,   7 ,   475.7296 ,    0.1,        475.7305
 3 ,   4 ,   287.9348 ,    -0.6,       287.9288
 3 ,   7 ,   355.979 ,     -0.1,       355.9784
 3 ,   5 ,   546.7521 ,    1.2,        546.764
 4 ,   7 ,   276.3633 ,    0.2,        276.3657
 5 ,   6 ,   306.1071 ,    -0.5,       306.1025
 5 ,   7 ,   353.0921 ,    0.5,        353.0967
 6 ,   7 ,   395.35 ,      0.8,        395.3578
```

```
[方向平差值]:26
D1,  D2,    L1(DMS),     V(sec),    L(DMS)
 1,   2,     -.4,         0.0,      0.00000
 1,   6,     39.0353,     0.9,      39.03539
 1,   7,     87.3552,     4.5,      87.35564
 1,   4,     134.0629,    -2.5,     134.06265
 2,   6,     -.4,         0.0,      0.00000
 2,   7,     55.0018,     0.9,      55.00188
 2,   1,     101.3312,    3.9,      101.33158
 3,   4,     -.4,         0.0,      0.00000
 3,   7,     49.2724,     5.9,      49.27298
 3,   5,     88.4853,     -2.1,     88.48508
 4,   1,     -.4,         0.0,      0.00000
 4,   7,     65.08499,    1.8,      65.08517
 4,   3,     143.203,     1.4,      143.20314
 5,   3,     -.4,         0.0,      0.00000
 5,   7,     39.44069,    18.4,     39.44254
 5,   6,     113.0311,    4.0,      113.03150
 6,   5,     -.4,         0.0,      0.00000
 6,   7,     58.48529,    0.8,      58.48538
 6,   1,     99.445,      0.1,      99.44500
 6,   2,     139.07409,   -0.7,     139.07402
 7,   1,     -.4,         0.0,      0.00000
 7,   2,     45.51069,    -0.5,     45.51065
 7,   6,     90.32019,    -0.8,     90.32012
 7,   5,     138.2422,    -4.2,     138.24178
 7,   3,     239.1834,    -2.6,     239.18313
 7,   4,     291.3921,    0.9,      291.39218

[精度评定]
pvv = 491.56
M0 = 3.59

[点位误差椭圆元素]
No., X(m),     Y(m),     MX(cm),MY(cm),MP(cm), E(cm), F(cm),Z(度.分)
4,  358.148,   578.711,   .44,   .35,   .56,   .47,   .31,  151.52
5,  179.547,   -7.326,    .65,   .55,   .85,   .65,   .55,  175.24
6,  -104.424,  106.951,   .51,   .51,   .72,   .58,   .42,  135.16
7,  211.763,   344.298,   .37,   .31,   .48,   .37,   .31,  173.52
```

5 代码展示

整个代码共分 11 部分,阅读或使用时,请注意过程间的依存关系。

5.1 准备变量

声明模块级变量及常数,各变量的意义见代码中的注释:

```
DefInt I - K, N
Public Type gcType
    p1 As Integer              '测站点
    p2 As Integer              '照准点
    V As Double                '观测值,L 或 S
    Q As Single                '权
End Type
Public gcS( ) As gcType        '边长观测
Public gcL( ) As gcType        '方向观测
Public zbX( ) As Double        '坐标北 x
Public zbY( ) As Double        '坐标东 y
Public Df1( ) As Integer       '测站的第一方向号
Public Df2( ) As Integer       '测站的第末方向号
Public Matn( ) As Single       '法方程系数矩阵
Public Matw( ) As Single       '法方程常数矩阵
'已知点数,未知点数,总点数
'方向观测数,边长观测数,已知条件数,法方程阶数
Public Ny, Nn, Np
Public NL, Ns, Nr, Nv
'单位权中误差,验后单位权中误差,测距仪标称
Public Mu, M0, Mab $
Dim Pll As Double
Dim fo As String               '输出文件
Const PI As Double = 3.1415926535
Const PO As Double = 206264.8
Const TG = "," & vbTab
'================================
```

5.2 读入数据

代码中有 3 个方面请予以注意:

- 代码略去了数据格式的验证,请保证 3 个文件的内容、格式的正确性。
- 代码的展示,主要是为了说明读数据文件的语句与数据文件格式的对应性;在一个软件项目中,外部数据以什么样的方式组织,视应用的需要而不同;迄今,数据

库的方式较受欢迎。设计时，有什么样的数据文件格式，才有什么样的读数据的代码；相反，在使用软件时，读数据的代码，决定你必须为它准备相应的数据文件。当然，一份好的数据文件格式说明书是重要的。一般地，懂得测量数据处理的基本方法，使用软件时，为它准备数据，就不困难了。我们学习本课程，使用专业软件是重点，而使用专业软件的关键是：给它正确的初始数据！

➢ 代码中根据基本信息的取得，及时重新定义了重要的数组。

根据数据文件格式的说明，读入数据文件的代码如下：

```
Sub Read_in()
   Dim s1 As String
   fm$ = "iM.txt"
   nf = FreeFile: Open fm For Input As #nf
        Line Input #nf, s1                  '<基本数据>
        Input #nf, Ny, Nn
        Input #nf, NL, Ns, Nr
        Input #nf, Mu, Mab$
        Line Input #nf, s1                  '</基本数据>
        Np = Ny + Nn
        ReDim zbX(Np) As Double
        ReDim zbY(Np) As Double
        ma = Val(Mab$)
        mb = Val(Mid$(Mab$, Instr(Mab$, "+") + 1))

        Line Input #nf, s1                  '<近似坐标>
        For i = 1 To Np
            Input #nf, j
            Input #nf, zbX(j), zbY(j)
        Next i
   Close #nf

   Nv = 2 * Nn + Nr                       '法方程阶数
   ReDim Matn(Nv, Nv), Matw(Nv) '重定义法方程数组

   If NL > 0 Then
        ReDim gcL(NL) As gcType
        fm = "iL.txt"
        nf = FreeFile: Open fm For Input As #nf
        Line Input #nf, s1                  '<方向观测>
```

```
        For i = 1 To NL
            Input #nf, gcL(i).p1, gcL(i).p2, gcL(i).V
            gcL(i).Q = 1
        Next i
        Line Input #nf, s1    '</方向观测>

        For i = 1 To NL
            gcL(i).V = DEG(gcL(i).V)    '化弧度
        Next i
        Close #nf
    End If

    If Ns > 0 Then
        ReDim gcS(Ns) As gcType
        fm = "iS.txt"
        nf = FreeFile: Open fm For Input As #nf
        Line Input #nf, s1      '<边长观测>
        For i = 1 To Ns
            Input #nf, gcS(i).p1, gcS(i).p2, gcS(i).V
            ms = (ma + mb * gcS(i).V / 1000) / 10    '厘米
            gcS(i).Q = 0.1 * Int(10 * Mu * Mu / ms / ms)
        Next i
        Line Input #nf, s1    '</边长观测>
        Close #nf
    End If
End Sub
```

5.3 方向误差方程及法方程

下面的代码功能是:按测站顺序,逐个计算方向观测的误差方程,并加入法方程中。

按方向平差时,为消除定向角未知数,采用史赖伯第一法则:增加测站和方程。代码中,为计算测站和方程,对方向观测数据文件的要求是:按①测站②方向值排序。对此,你可以在 Excel 中极易操作,当然,你也可以按常用排序算法,如希尔排序,对 gcL( )排序整理;否则,测站和方程是错误的。下面是希尔排序算法,供参考:

```
Sub ShellSort()        '对 gcL()按 p1 及 L 排序
    iMax = UBound(gcL)
    Ioff = iMax\2
    Do While Ioff > 0
        iLimit = iMax - Ioff
        Do
            Iswi = 0
            For i = 1 To iLimit
                If gcL(i).p1 > gcL(i + Ioff).p1 Then
                  swap gcL(i), gcL(i + Ioff)      'swap 是自制交换过程
                  Iswi = i
                ElseIf gcL(i).p1 = gcL(i + Ioff).p1 Then
                   If gcL(i).v > gcL(i + Ioff).v Then
                      swap gcL(i), gcL(i + Ioff)
                      Iswi = i
                   End If
                End If
            Next i
            iLimit = Iswi - Ioff
        Loop While Iswi
        Ioff = Ioff \ 2
    Loop
End Sub
```

代码中,虽然一条误差方程的系数最多为 4 个,但为法方程计算方便,仍然定义了系数阵 a(Nv)。每算出一条误差方程,即将它加入法方程中,很不好理解,你也可以放开代码中注释掉的调试输出,得到误差方程系数阵及常数项和权,用矩阵乘法计算法方程。矩阵乘法的代码请参见本书其他章节。

```
Sub CalcNWL()        '方向误差方程,并加入法方程
    If NL < 1 Then Exit Sub
    '* * * * gcL()必须按①测站②方向值排序整理过
    '检测各站的首尾序号 Df1()、Df2()
    ReDim Df1(Np) As Integer
    ReDim Df2(Np) As Integer
    Df1(gcL(1).p1) = 1
    For i = 2 To NL
        p1 = gcL(i - 1).p1
        p2 = gcL(i - 0).p1
        If p1 <> p2 Then
            Df1(p2) = i
            Df2(p1) = i - 1
    End If
```

```
Next
Df2(p2) = i - 1

For i = 1 To Np                  '按测站来组织误差方程
If Df1(i) < > 0 Then             '实际设站了
    Hp = 0: Hl0 = 0: ReDim h(Nv) As Single
    For j = Df1(i) To Df2(i)
        ReDim a(Nv) As Single              '一条误差方程的系数阵
        i1 =gcL(j).p1: i2 = gcL(j).p2
            px = zbX(i2) - zbX(i1)
            py = zbY(i2) - zbY(i1)
            s = px * px + py * py
            z = FSF(px, py)

            If j = Df1(i) Then Z0 = z      '零方向
            zi = z - Z0
            If zi < 0 Then zi = zi + 2 * PI
        L0 = (zi - gcL(j).V) * P0          '单位:秒; 已化为弧度
        p = gcL(j).Q
        Pll = Pll + L0 * p * L0
        '-------------------------------------
            c2 = 2 * (i1 - Ny)             '第一点 Y 的列号
            c1 = c2 - 1                    '第一点 X 的列号
            c4 = 2 * (i2 - Ny)             '第二点 Y 的列号
            c3 = c4 - 1                    '第二点 X 的列号
            xs = P0 / s / 100              '单位: 秒/厘米
            a1 = py * xs
            b1 = px * xs
        '-------------------------------------
        If c2 > 0 Then
            a(c1) = a1: a(c2) = -b1        '第一点两个系数
        End If
        If c4 > 0 Then
            a(c3) = -a1: a(c4) = b1        '第二点两个系数
        End If
        'Debug.Print i1 & "~" & i2 & ",";
        CalcNW1 a(), L0,p       '一条误差方程加入法方程
```

```
    '以下累加和方程的系数;常数;权 - - - - - -
        Hp = Hp + p
        Hl0 = Hl0 + L0 * p
        For ii = 1 To Nv
            h(ii) = h(ii) + a(ii) * p
        Next
    Next
    '测站和方程加入法方程
    Hp = -1 / Hp
    Pll = Pll + Hl0 * Hl0 * Hp
    'Debug.Print "h~h,";
    CalcNW1 h(), Hl0, Hp
    End If
    Next
End Sub
```

5.4 边长误差方程及法方程

边长误差方程相对比方向误差方程简单些,仍然是每条最多4个系数:

```
Sub CalcNWS()   '边长误差方程,并加入法方程
    For i = 1 To Ns
        ReDim a(Nv) As Single
        i1 = gcS(i).p1
        i2 = gcS(i).p2
        p = gcS(i).Q
            px = zbX(i2) - zbX(i1)
            py = zbY(i2) - zbY(i1)
            s = px * px + py * py: s = Sqr(s)
        '_______________________________
        L0 = (s - gcS(i).V) * 100      '单位化为厘米
        Pll = Pll + L0 * L0 * p
        '_______________________________
            c2 = 2 * (i1 - Ny)  '第一点Y的列号
            c1 = c2 - 1
            c4 = 2 * (i2 - Ny)  '第二点Y的列号
            c3 = c4 - 1
            a1 = px / s           '无单位
            b1 = py / s
        '_______________________________
```

```
        If c2 > 0 Then
            a(c1) = -a1: a(c2) = -b1
        End If
        If c4 > 0 Then
            a(c3) = a1: a(c4) = b1
        End If

        CalcNW1 a(), (L0), (p)      '一条误差方程加入法方程
    Next i
End Sub
```

5.5 调用过程

下面是边长误差方程组成法方程、方向误差方程组成法方程时都要调用的过程：

```
Sub CalcNW1(b() As Single, L, p) '将一条误差方程 B()、L、P 加入到法方程中
'   调试,将误差方程输出
'   For i = 1 To Nv
'       Debug.Print Format$(b(i), "0.00"); ",";
'   Next
'   Debug.Print "]"; Format$(L, "0.000"); ","; Format$(p, "0.#")

    For i = 1 To Nv
        If b(i) <> 0 Then
            For j = i To Nv              '上三角中
                Matn(i, j) = Matn(i, j) + b(i) * p * b(j)
            Next
            Matw(i) = Matw(i) + b(i) * p * L
        End If
    Next
End Sub
```

5.6 约化回代求逆

要独立调用本过程,你必须先声明对称正定矩阵 Matn()并为其赋值,后传入 Matn()及其阶数参数 Nv,代码运行后,将逆阵依然存放在 Matn()中。

求逆运算的计算量随矩阵阶数的增加而显著增加。当阶数 Nv 较大时,如 Nv 为 1000 阶,Matn()为单精度,则 Matn()将占 4 * 1000 * 1000 字节,约 4 MB 内存,这在 DOS 的 640 KB 内存时代是不可想象的。本过程也是全程序中最为耗时的计算。

代码分两步进行:先约化 Matn(),再以一组(0,0,0,…,-1,…,0,0,0)形式的常数项回代求逆。

对于小型的法方程矩阵,你可以直接放在 Excel 中求逆,以验证本过程的正确性。

```
Sub Calc_Q()   '法方程系数已存放在上三角,约化,回代
    Dim s As Double
    Dim tmp As Double
    '约化
    For i = 2 To Nv: For j = i To Nv
        s = Matn(i, j)
        For k = 1 To i - 1
            s = s - Matn(k, j) * Matn(k, i) / Matn(k, k)
        Next k
        Matn(i, j) = s
    Next: Next
    '回代求逆,存放在下三角
    For k = Nv To 1 Step - 1
      s = -1
      For i = k To 1 Step -1
          If i < k Then Let s = 0
          Fo rj = i To Nv - 1
              If j + 1 < k Then
                  tmp = Matn(k, j + 1)
              Else
                  tmp = Matn(j + 1, k)
              End If
          s = s + tmp * Matn(i, j + 1)
          Next
          Matn(k, i) = -s / Matn(i, i)
      Next
    Next
    '转存到上三角
    'For i = 1 To Nv
    '    For j = i + 1 To Nv
    '        Matn(i, j) = Matn(j, i)
    '    Next
    'Next
End Sub
```

5.7 未知数求解

通过法方程逆阵与法方程常数项相乘得到未知数的解。另一种解法是约化 Matw(),回代求解。

```
Sub Calc_XYp()          '坐标平差值 & 改正数
    ReDim h(1 To Nv) As Double
    For i = 1 To Nv
        h(i) = 0        '改正数阵
        For j = 1 To Nv
            If i > j Then
                Q = Matn(i, j)
            Else
                Q = Matn(j, i)
            End If
            h(i) = h(i) - Q * Matw(j)
        Next j
        Pll = Pll + h(i) * Matw(i)
    Next i

    For i = Ny + 1 To Np
        zbX(i) = 0.001 * Int((zbX(i) + h(2 * (i - Ny) - 1) / 100) * 1000)
        zbY(i) = 0.001 * Int((zbY(i) + h(2 * (i - Ny) - 0) / 100) * 1000)
    Next i

    nf = FreeFile: Open fo For Output As #nf
    Print #nf, "[坐标平差值]"
    For i = 1 To Np
        Print #nf, i; TG; zbX(i); TG; zbY(i)
    Next
    Print #nf, ""

    Print #nf, "[近似坐标改正数]"
    For i = Ny + 1 To Np
        dx = 0.01 * Int(h(2 * (i - Ny) - 1) * 100)
        dy = 0.01 * Int(h(2 * (i - Ny) - 0) * 100)
        Print #nf, i, dx, dy
    Next
    Print #nf, ""
    Close #nf
End Sub
```

5.8 求观测量的改正数

通过平差坐标计算平差后的边长和方位角，从而求得观测量的改正数；同时累计 pvv：

```
Sub Calc_gcV()      '计算观测量的改正数
    nf = FreeFile: Open fo For Append As #nf
    If Ns > 0 Then
        Print #nf, "[边长平差值]:" & Ns
        Print #nf, "D1"; TG; "D2"; TG; "S1(m)"; TG; "V(cm)"; TG; "S(m)"
        For i = 1 To Ns
                i1 = gcS(i).p1: i2 = gcS(i).p2
                px = zbX(i1) - zbX(i2)
                py = zbY(i1) - zbY(i2)
                s = px * px + py * py
                s = 0.0001 * Int(Sqr(s) * 10000)
                V = 0.01 * Int((s - gcS(i).V) * 10000)
                pvv = pvv + gcS(i).Q * V * V
                Print #nf, i1; TG; i2; TG; gcS(i).V;TG;Format $(V, "#0.0");TG;s
        Next
        Print #nf, ""
    End If

    If NL > 0 Then
        Print #nf, "[方向平差值]:" & NL
        Print #nf, "D1"; TG; "D2"; TG; "L1(DMS)"; TG; "V(sec)"; TG; "L(DMS)"
        For i = 1 To Np
            For j = Df1(i) To Df2(i)
                i1 = gcL(j).p1: i2 = gcL(j).p2
                px = zbX(i2) - zbX(i1)
                py = zbY(i2) - zbY(i1)
                's = px * px + py * py
                z = FSF(px, py)
                If j = Df1(i) Then Z0 = z
                zi = z - Z0: If zi < 0 Then zi = zi + 2 * PI
                V = 0.01 * Int((zi - gcL(j).V) * PO * 100)
                pvv = pvv + gcL(j).Q * V * V
                Print #nf, i1; TG; i2; TG; DMS(gcL(j).V); TG; _
                    Format $(V, "#0.0"); TG; Format $(DMS(zi), "#0.00000")
        Next
```

```
        Next
        Print #nf, ""
    End If

        Nz = Np
        For i = 1 To Np
            If Dfl(i) = 0 Then Nz = Nz - 1
        Next i
        Nt = NL + Ns - 2 * Nn - Nz
        M0 = Sqr(Abs((Pll) / Nt))

        Print #nf, "[精度评定]"
        Print #nf, "pvv ="; Format $(pvv, "#.00")
        Print #nf, " M0 ="; Format $(M0, "#.00")
        Print #nf, ""
    Close #nf
End Sub
```

5.9 计算点位误差椭圆元素

代码如下：

```
Sub Calc_Ell()
    ReDim Ee(Np), Ef(Np), Ez(Np)       '误差椭圆3要素
    nf = FreeFile: Open fo For Append As #nf
    Print #nf, "[点位误差椭圆元素]"
    Print #nf, "No."; TG; "X(m)"; TG; "Y(m)"; TG; _
              "MX(cm)"; TG; "MY(cm)"; TG; "MP(cm)"; TG; _
              "E(cm)"; TG; "F(cm)"; TG; "Z(度.分)"
    For i = Ny + 1 To Np
        i1 = 2 * (i - Ny) - 1: j1 = i1
        j2 = j1 + 0: Qx = GetQ(j1, j2)
        j2 = j1 + 1: Qxy = GetQ(j1, j2)
        j1 = j2 + 0: Qy = GetQ(j1, j2)

        mx = 0.01 * Int(Sqr(Qx) * M0 * 100)
        my = 0.01 * Int(Sqr(Qy) * M0 * 100)
        mp = 0.01 * Int(Sqr(mx * mx + my * my) * 100)
        py = 2 * Qxy
        px = Qx - Qy
```

```
        z = FSF(px, py)
        Ez(i) = 0.01 * Int(DMS(z / 2) * 100)
        Q1 = (Qx + Qy) / 2
        Q2 = Sqr(px * px + py * py) / 2
        If Q1 < Q2 Then Q2 = Q1
        Ee(i) = 0.01 * Int(M0 * Sqr(Q1 + Q2) * 100)
        Ef(i) = 0.01 * Int(M0 * Sqr(Q1 - Q2) * 100)

        Print #nf, i; TG; zbX(i); TG; zbY(i); TG; mx; TG; my; TG; mp;
        Print #nf, TG; Ee(i); TG; Ef(i); TG; Ez(i)
    Next
    Close #nf
End Sub
```

5.10 常用函数

```
Function DEG (byVal dfm as Double) As Double
    If dfm <0 then
        '...
    End If
    X# = dfm + 0.000001
    Duo% = Int(x)
    fen% = Int((x# - Duo%) * 100)
    mm# = (x# - Duo%) * 100 - fen% - 0.0001
    mm# = Duo% + fen% / 60 + mm# / 36
    DEG = mm# * PI / 180                    'PI 是常量 Const
End Function

Function DMS(byVal a as Double)
    myd# = a * 180 / PI
    Duo% = Int(myd#)
    x = (myd# - Duo%) * 60
    fen% = Int(x)
    m = (x - fen%) * 60
    DMS =Format $((Duo% + fen% / 100 + m / 10000), "#.00000")
End Function
```

上面两个函数是“弧度”与“度.分秒”的转换函数,不同于第三章的“度”与“度.分秒”的转换,请注意使用。

```
Function FSF(px, py) As Double
    '由 Δx,Δy 反算坐标方位角
    If px = 0 Then
        pz# = PI / 2
        If py < 0 Then pz# = PI * 1.5
    Else
        pz# = Atn(py / px)
        If px < 0 Then pz# = pz# + PI
        If pz# < 0 And px > 0 Then pz# = pz# + PI * 2
    End If
    FSF = pz#
End Function

Function GetQ(j1, j2) As Single        '在逆阵中取一个元素
    Dim Q As Single
    If j1 < 1 Or j2 < 1 Then
        Q = 0
    Else
        If j1 < j2 Then
            ir = j2: iC = j1
        Else
            ir = j1: iC = j2
        End If
        Q = Matn(ir, iC)
    End If
    GetQ = Q
End Function
```

5.11 完成整个计算

最后,在 Main()或界面的对象事件代码中输入如下代码,完成整个计算过程。

```
Sub Main()
    fo = "out.txt"
    Pll = 0
    Read_in
    CalcNWS
    CalcNWL
    Calc_Q
    Calc_XYp
    Cala_gcV
    Calc_Ell
    MsgBox "恭喜你:平差计算已经完成!", vbExclamation
End Sub
```

各代码过程的罗列,完全按照测量平差的步骤:准备基本数据、观测数据、近似坐标→读入数据→误差方程→法方程→逆→求解→精度评定→结果输出的顺序进行。

当然,你也可以将过程放到界面的各个事件代码中,逐步推进,进行运算。

上面展示的是核心代码部分,要完成一个“边角网平差”这样的软件工程,你还有很多事情可以做:

➢ 近似坐标自动推算;

➢ 恰当的数据文件格式(如数据库)及相应的 Visual 编辑、排错环境;

➢ 即时数据输入及图形绘制;

➢ 输出排版及报表;

➢ 相对误差椭圆元素计算,控制网网形绘制,误差椭圆绘制。

下面提供绘椭圆的片段代码,点位(东 y,北 x)是在绘图环境 Pic1 中规化后的坐标,或者,你应该使用 Pic1 的 Scale 方法,调整绘图环境;Ee,Ef,Ez 是椭圆参数。

```
    mColor = vbRed
    sk = InputBox("输入放大倍数:", "椭圆", 400)
    sk = abs(Val(sk))          'sk < >0
    Dim dk As Double, dk1 As Double, dk2 As Double
    dk1 = PI * 2: dk2 = PI / 180
    For i = Ny + 1 To Np
       x = 东 y(i): y = 北 x(i): a = DEG(Ez(i))
       Ec = sk * Ee(i) * Cos(a): Es = sk * Ee(i) * Sin(a)
       Fc = sk * Ef(i) * Cos(a): Fs = sk * Ef(i) * Sin(a)
       Pic1.PSet (x + Ec, y + Es)

       For dk = 0 To dk1 Step dk2        '连续线段绘椭圆
          co = Cos(dk): si = Sin(dk)
          X1 = x + Ec * co - Fs * si
          Y1 = y + Fc * si + Es * co
          Pic1.Line -(X1, Y1), mColor
        Next
        Pic1.Line (x + Ec, y + Es)-(x - Ec, y - Es), mColor  '轴
        Pic1.Line (x - Fs, y + Fc)-(x + Fs, y - Fc), mColor
  Next
```

第五节 线性方程组迭代求解

在测量平差中,各种最小二乘(或满足最小范数)平差间的函数模型经过线性化,最后都归结成线性方程组的求解问题。求解时,在 $V^{T}PV = \min$(或 $X^{T}PX = \min$)准则下,导出各种平差方法的法方程。其中法方程的个数等于式中待求点的个数,法方程的系数阵是一个非奇异的可逆阵,且在主对角线的两侧对称,因而法方程是相容线性方程,法方程的

解算工作是平差问题中的一个重要环节。

本节主要讨论点松弛法求解间接平差方程组的过程,最后形成了算法的数学模型及相关的程序代码。点松弛法是一种迭代方法,它可以应用于间接平差和条件平差法的线性方程组的解算。

点松弛法用于间接平差方程组求解的具体内容如下。

1 程序功能

应用点松弛法解算间接平差方程组 $V=AX-f$。求出满足最小二乘准则 $V^{T}PV=\min$ 的改正数向量 V 的解和未知参数向量 X 的解。其中:

$$A=\begin{bmatrix} a_1 & b_1 & \cdots & t_1 \\ a_2 & b_2 & \cdots & t_2 \\ \vdots & \vdots & & \vdots \\ a_n & b_n & \cdots & t_n \end{bmatrix},V=\begin{bmatrix} v_1 \\ v_2 \\ \vdots \\ v_n \end{bmatrix},f=\begin{bmatrix} f_1 \\ f_2 \\ \vdots \\ f_n \end{bmatrix},X=\begin{bmatrix} x_1 \\ x_2 \\ \vdots \\ x_t \end{bmatrix}$$

2 数学模型与方法说明

设有 t 个未知数的误差方程:

$$\begin{cases} v_1 = a_1x_1 + b_1x_2 + \cdots + t_1x_t - f_1 \\ v_2 = a_2x_1 + b_2x_2 + \cdots + t_2x_t - f_2 \\ \vdots \\ v_n = a_nx_1 + b_nx_2 + \cdots + t_nx_t - f_n \end{cases}$$

分别用 V、B、X、f 代表改正数向量、未知参数系数阵、未知数的改正数向量和常数项阵,则在 $V^{T}PV=\min$ 的最小二乘准则下导得的求解的总法方程为:

$$\begin{cases} \underset{n,1}{V} = \underset{n,t}{B}\ \underset{t,1}{X} - \underset{n,1}{f} \\ \underset{t,n}{B^{T}}\ \underset{n,n}{P}\ \underset{n,t}{V} = 0 \end{cases}$$

现将系数阵按列分块,并分别用 $B_1,B_2,\cdots,B_t$ 表示,则有:

$$\underset{n,t}{B} = [B_1 \quad B_2 \quad \cdots \quad B_t]$$

其中:

$$\underset{n,1}{B_1} = [a_1 \quad a_2 \quad \cdots \quad a_n]^{T}$$

$$\underset{n,1}{B_2} = [b_1 \quad b_2 \quad \cdots \quad b_n]^{T}$$

$$\vdots$$

$$\underset{n,1}{B_t} = [t_1 \quad t_2 \quad \cdots \quad t_n]^{T}$$

利用点松弛法解上述方程组,其最终目的也是寻求满足上述所有方程的解向量 V 和

X,但是它的解算过程不同于一般的求解过程。首先给定 X 的一组近似解 $X^{(0)}$:

$$X^{(0)} = [x_1^{(0)} \quad x_2^{(0)} \quad \cdots \quad x_t^{(0)}]$$

$X^{(0)}$ 也称为未知参数的初始值。将 $X^{(0)}$ 代入误差方程即可求得:

$$V^{(0)} = B_1 x_1^{(0)} + B_2 x_2^{(0)} + \cdots + B_t x_t^{(0)} - f$$

这时,$V^{(0)}$ 一般不能满足误差方程式。因而,$V^{(0)}$ 也只是改正数向量 V 的近似解。

点松弛法的要点是,对未知参数的初始值逐个加上修正值,从而改进 V 的近似值,直到最后能同时满足误差方程各式为止。首先,只对第一个未知参数的近似值 $x_1^{(0)}$ 加上修正值 $\delta x_1^{(1)}$,即令:

$$x_1^{(1)} = x_1^{(0)} + \delta x_1^{(1)}$$

则可求得修正后的改正数向量为:

$$V^{(1)} = B_1(x_1^{(0)} + \delta x_1^{(1)}) + B_2 x_2^{(0)} + \cdots + B_t x_t^{(0)} - f \tag{8-3}$$

也可写成:

$$V^{(1)} = B_1 \cdot \delta x_1^{(1)} + V^{(0)}$$

从式(8-3)可以看出,由于对 $x_1^{(0)}$ 加入了修正值 $\delta x_1^{(1)}$,$V^{(0)}$ 改变成了 $V^{(1)}$,显然,加入不同的 $\delta x_1^{(1)}$,将会得到不同的 $V^{(1)}$。我们需要的则是能使 $V^{\mathrm{T}}PV = \min$ 的 $\delta x_1^{(1)}$。因此,可根据它的等价条件 $B_1^{\mathrm{T}}PV^{(1)} = 0$ 来确定 $\delta x_1^{(1)}$。从而,可求得:

$$\delta x_1^{(1)} = -\frac{B_1^{\mathrm{T}}PV^{(0)}}{B_1^{\mathrm{T}}PB_1}$$

其次,对第二个未知参数的近似值 $x_2^{(0)}$ 加上修正值 $\delta x_2^{(1)}$,即令:

$$x_2^{(1)} = x_2^{(0)} + \delta x_2^{(1)}$$

由前面的方法可得:

$$V^{(2)} = B_2 \cdot \delta x_2^{(1)} + V^{(1)}$$

其中:

$$\delta x_2^{(1)} = -\frac{B_2^{\mathrm{T}}PV^{(1)}}{B_2^{\mathrm{T}}PB_2}$$

按照上述同样的方法,继续对 $x_3^{(0)}, x_4^{(0)}, \cdots, x_t^{(0)}$ 逐个地引入修正值 $\delta x_3^{(1)}, \delta x_4^{(1)}, \cdots, \delta x_t^{(1)}$,使改正数向量逐次地变成 $V^{(3)}, V^{(4)}, \cdots, V^{(t)}$。然后对 $x_1^{(1)}, x_2^{(1)}, \cdots, x_1^{(2)}, x_2^{(2)}, \cdots, x_1^{(m)}, x_2^{(m)}, \cdots$ 逐个进行改正,求出 $\delta x_1^{(2)}, \delta x_2^{(2)}, \cdots, \delta x_1^{(3)}, \delta x_2^{(3)}, \cdots, \delta x_1^{(m+1)}, \delta x_2^{(m+1)} \cdots$,使改正数向量相应地变成 $V^{(t+1)}$、$V^{(t+2)}, \cdots, V^{(2t+1)}, V^{(2t+2)}, \cdots, V^{(mt+1)}, V^{(mt+2)}, \cdots$,直到满足:

$$|x_i^{(m+1)} - x_i^{(m)}| = |\delta x_i^{(m+1)}| \leqslant \varepsilon \quad (i = 1, 2, \cdots, t)$$

这时,迭代计算结束。其中:ε 是事先给定的迭代误差限值。

根据以上所述可知,当迭代计算结束后,各个未知参数的平差值应为:

$$\hat{x} = x_i^{(0)} + \delta x_i^{(1)} + \delta x_i^{(2)} + \cdots \quad (i = 1, 2, \cdots, t)$$

而改正数向量 V 的最后值则是迭代计算结束时算得的数值。

3 子程序及语句代码

```
Sub Prel_PAdj(b( ), f( ), p( ), x( ), eps)
    Dim pa As Single, PV As Single        '声明临时变量
    n = UBound(b, 1)
    t = UBound(b, 2)
    ReDim v(n) As Single                  '声明改正数向量的临时数组
    '求改正数向量 v(0)的近似值
    For i = 1 To n
        v(i) = f(i)
    Next i
    '进行迭代计算
    Do
        Count = 0
        For i = 1 To t
            pa = 0: PV = 0
            For j = 1 To n
                PV = PV + p(j, j) * b(j, i) * v(j)
                pa = pa + p(j, j) * b(j, i) * b(j, i)
            Next j
            dx = -PV / pa                 'dx 为未知参数的修正值
            For j = 1 To n                '求改正数向量的值
                v(j) = b(j, i) * dx + v(j)
            Next j
            If dx < eps Then Count = Count + 1
            x(i) = x(i) + dx              '求未知参数向量的值
        Next i
    '当全部未知参数的修正值均小于迭代限差时退出迭代
    Loop Until Count = t
    For i = 1 To n                        '将改正数向量的值赋给常数项阵
        f(i) = v(i)
    Next i
End Sub
```

4 参数及变量说明

b( )——实型二维数组,其阶数为 n×t,存放误差方程式的系数阵。

f( )——实型一维数组,其阶数为 1×n,存放误差方程式的常数项阵。子程序被调用

后存放改正数向量的解。

p()——实型二维数组,其阶数为 n×n,存放观测量的先验权阵。

x()——实型一维数组,其阶数为 1×n,计算结束后存放未知参数的平差值。

eps——实型变量,存放迭代误差限值。

n——实型变量,矩阵 b 的行数。

t——实型变量,矩阵 b 的列数。

v()——实型一维数组,是子程序的临时工作数组,临时存改正数向量的计算值。

dx——临时变量,存放未知参数的修正值。

练习题

8-1 单导线计算中,设有 n 个未知点,请问本章第二节的代码要求输入几个左角数据、几个边长数据?起点和终点已知边的坐标方位角的方向是怎样的?

8-2 试模拟一个单导线,用本章第二节的代码计算。(你可以采用在 AutoCAD 中绘,量,给点误差,算的方法)

8-3 按表 8-1 中的数据及如图 8-8 所示图形,试为边角网平差程序准备 3 个数据文件:iM. txt,iL. txt,iS. txt。(近似坐标未给出)

表 8-1 题 8-3 的数据

测站点	照准点	方向值	边长值
1	2	0.0000	
1	7	97.0008	69.53
7	1	0.0000	
7	16	171.1441	72.36
7	8	269.1729	58.77
8	7	0.0000	
8	9	99.3413	46.64
9	8	0.0000	
9	10	248.2951	66.77
10	9	0.0000	
10	13	57.0357	48.83
10	11	237.0357	38.14
11	10	0.0000	
11	12	42.5946	62.89

续表 8-1

测站点	照准点	方向值	边长值
12	11	0.0000	
12	5	302.1125	55.27
5	12	0.0000	
5	6	84.0701	
13	10	0.0000	
13	14	154.2930	59.11
14	13	0.0000	
14	15	281.0043	61.85
15	14	0.0000	
15	17	37.2343	68.13
15	3	163.1714	47.69
16	7	0.0000	
16	17	200.0102	70.11
17	16	0.0000	
17	15	235.4819	
3	15	0.0000	
3	4	135.4400	

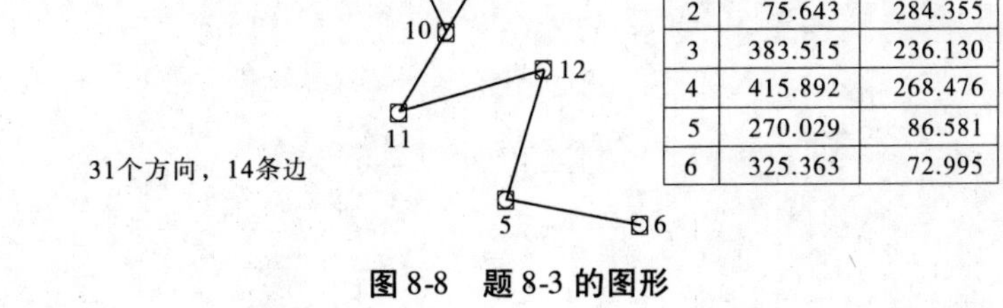

序	x	y
1	90.360	244.363
2	75.643	284.355
3	383.515	236.130
4	415.892	268.476
5	270.029	86.581
6	325.363	72.995

图 8-8　题 8-3 的图形

8-4 设有某平差问题的误差方程式为：

$$
\begin{aligned}
v_1 &= x_1 && + 3 \\
v_2 &= x_1 && + 0 \\
v_3 &= -x_1 + x_3 && - 1 \\
v_4 &= -x_3 && + 0 \\
v_5 &= x_2 - x_3 && + 2 \\
v_6 &= -x_1 + x_2 && - 5 \\
v_7 &= x_2 && + 0
\end{aligned}
$$

其观测值互不相关，先验权阵为：

$$P = \mathrm{diag}[2 \quad 2 \quad 1 \quad 1 \quad 1 \quad 1 \quad 2]$$

试编制一个主程序，调用本章中点松弛法求解间接平差的子程序计算未知数向量和改正数向量（取 $\varepsilon = 0.0005$）。

8-5 设有某平差问题的条件方程为：

$$
\begin{aligned}
v_1 - v_2 - v_4 - 6v_5 + 3v_6 &= -49.5 \\
-2v_2 + v_3 + 3v_4 - 8v_5 + 2v_6 &= -58.0
\end{aligned}
$$

其观测值互不相关且为等精度，即 $P = I$。试编制一个主程序，调用本章中的点松弛法求解条件平差的子程序计算联系数向量和改正数向量（取 $\varepsilon = 0.0005$）。

第九章　VBA 开发与应用

Visual Basic for Applications，简称 VBA，广泛内置于各种软件包中，如 AutoCAD、MS Office、CorelDRAW 等；MapBasic 也是一种类似于 VB 的 GIS 开发软件。VBA 是 Visual Basic 的子集，各软件包利用 VB 的通用性、简便性，加上自己的组件对象模型(COM)，方便用户的再开发。

本章假设你已具备 VB 基础，并已熟悉 AutoCAD、MS Office 中 Excel 的使用，针对测绘有关应用，介绍 VBA 的开发与使用。

第一节　AutoCAD 2004 COM 组件对象模型

AutoCAD 是 AutoDesk 公司的产品，它是矢量绘图软件的鼻祖，CAD 行业标准，在工程领域应用广泛。尤其是在 AutoCAD 基础之上的二次开发应用软件，更是形成了一个庞大的产业。测绘领域中南方 CASS 就是这样一种产品，在市场上使用率较高。

AutoCAD 二次开发支持 AutoLisp、VBA、ObjectARX 等模式；既可以在 AutoCAD 环境下开发，也可以利用 AutoCAD 组件对象模型外部开发。

组件对象模型(COM)，简单地理解，就是软件开发商将软件的功能，按一个标准，封装成一些块块，并提供一定的接口，供开发者调用。好像集成电子芯片，通过各引脚来使用它们的内部功能。这些块块，就叫对象模型。图 9-1 是 AutoCAD 对象模型简图。

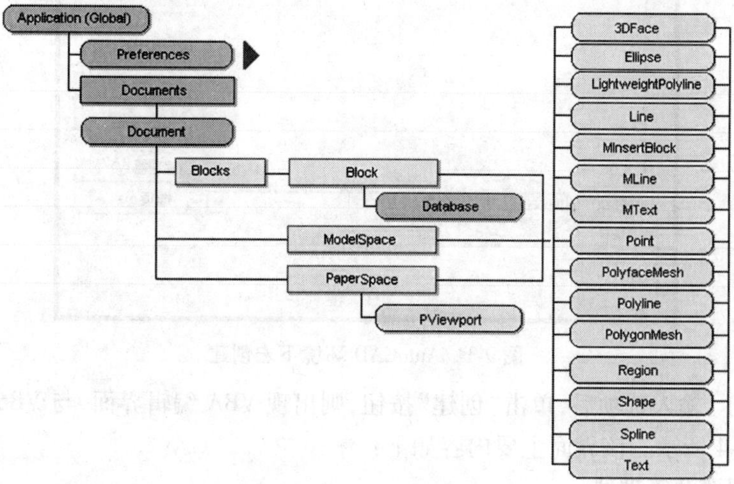

图 9-1　AutoCAD 对象模型简图

与图 9-2 AutoCAD 绘图环境相对照，我们在 AutoCAD 上绘图，先要有一张“纸”，即模型空间(ModelSpace)或布局空间(PaperSpace)，你在这张纸上画一条线，就表达为：

ThisDrawing. ModelSpace. AddLine(起点，终点)

其中 ThisDrawing、ModelSpace、AddLine 均是 AutoCAD 对象模型中定义的对象，它既表示了对象间封装的依存关系，又与 AutoCAD 实际环境中的对象或操作相对应。

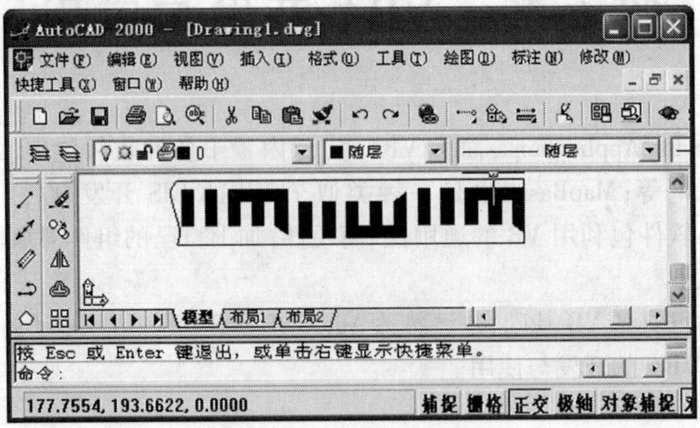

图 9-2 AutoCAD 环境

所谓二次开发，就是将你在原始环境下的一序列的手工操作步骤程序化，让这些步骤能一次性地完成。

如果你在 AutoCAD 2004 安装过程中选择了 VBA 选项，或后续添加了此项功能，则请选择 AutoCAD 环境中菜单：工具→宏→宏…，弹出对话框如图 9-3 所示。

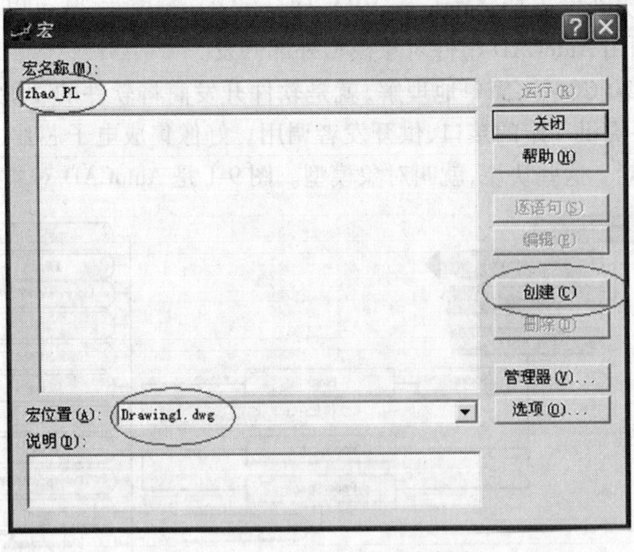

图 9-3 AutoCAD 环境下宏创建

按图所示，输入选项后，单击“创建”按钮，则出现 VBA 编辑界面，与 VB6 的 IDE 极为相似，如图 9-4 所示。该界面主要内容如下：

(1)工程资源管理器；

(2)属性窗口；

(3)代码窗口及对象、事件选择组合框；

(4)可以添加用户窗体和类模块，当然就有控件工具箱及界面设计窗口；

(5)VB 的诸多特点如成员函数自动列出、代码智能提示等。

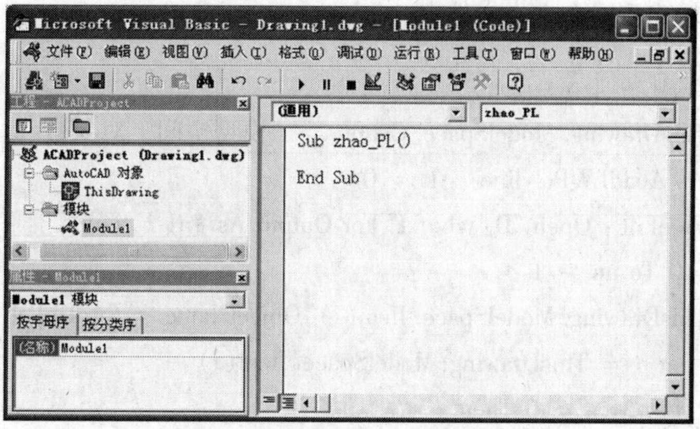

图 9-4　AutoCAD VBA 编辑环境

你按 VB 的方式设计界面、输入代码等,然后运行你的程序,一切是那么的熟悉!

第二节　AutoCAD 2004 VBA 宏开发举例

我们在 AutoCAD 中,经常要选中一些对象,然后操作它,下面示例代码完成这样的操作,当然我们可能不仅仅是改变一下对象的颜色,更多的操作,与此例方法相同。

下面的代码先创建选择集,提示用户在 AutoCAD 环境中选择图元对象,循环遍历,将选择集中的对象的颜色属性换为红色,最后删除选择集,代码如下:

```
Sub my_XZ()
    '建立新选择集
    Dim myS As AcadSelectionSet
    Set myS = ThisDrawing.SelectionSets.Add("SS1")

    '提示用户选择对象,将所选对象加入选择集,回车完成选择
    myS.SelectOnScreen

    '遍历选择集,换为红色
    Dim obj As AcadEntity          '绘图实体对象
    For Each obj In myS
        obj.Color = acRed
        obj.Update
    Next
    '删除选择集
    ThisDrawing.SelectionSets("SS1").Delete
End Sub
```

在地形绘图中,我们喜欢用 PLine 命令绘制封闭的地块,它们具有量测属性如周长、

面积等。下面编制一段程序,枚举图中的 AcDbPolyline 线类型的有面积的地块,并将其拐点坐标(x,y,H)输出到一个文本文件中:

```
Sub zhao_PL()
    nn = ThisDrawing.ModelSpace.Count          '模型空间上对象数
    Dim o As AcadLWPolyline   :k = 0
    n1 = FreeFile:Open "D:\zb.txt" For Output As #n1
    For i = 0 To nn - 1
        If ThisDrawing.ModelSpace.Item(i).ObjectName = "AcDbPolyline" Then
            Set o = ThisDrawing.ModelSpace.Item(i)
            If o.Area > 0 Then
              k = k + 1:h = Format(o.Elevation, "0.###")      'Z 坐标
              Print #n1, o.Handle, "面积=";Format(o.Area, "0.###")
              For ii = 0 To UBound(o.Coordinates) 'o 的所有拐点
                  Print #n1, Format(o.Coordinates(ii), "0.###"); ",",
                  If (ii/2 <> ii\2) Then Print #n1, h
              Next
              Print #n1, ""
            End If
        End If
    Next
    Close #n1
    MsgBox " D:\zb.txt 文件已生成,共有地块数:"& k
End Sub
```

有可能,你用某种手段采集到一批地形散点数据,将它们存放于一个文本文件中。每行 4 列代表一个点的名称 ID 和坐标(x,y,H),数据间用逗号分隔,如何实现批量展点呢?

你应该按这样的顺序写这段代码:

(1)打开文本文件;

(2)开始重复;

(3)读一行,判断文件尾;

(4)再读一行,得到一个点的 x,y,H;

(5)在(x,y)处绘一点,在此点右边写上高程 H 值的文本;

(6)重复;

(7)设置其他项目,结束。

图 9-5 为扼要代码及注释,可完成上述功能,供读者参阅和调试。

```
Sub zhan_dian()
    n1 = FreeFile: Open "c:\zb.txt" For Input As #n1
    Dim p(0 To 1) As Double
    off = 20   '文字注记在右上的量
    zh = 8     '文字高
    Do
        Input #n1, ID
        If EOF(n1) Or UCase$(ID) = "END" Then Exit Do
        '注意: 文件中有空行或格式不对, 要验证
        Input #n1, p(0), p(1), h
        ThisDrawing.ModelSpace.AddPoint p
        p(0) = p(0) + off: p(1) = p(1) + off
        ThisDrawing.ModelSpace.AddText CStr(h), p, zh
    Loop
    Close #n1
    ThisDrawing.SetVariable "PDMODE", 99   '设点模式
    ThisDrawing.SetVariable "PDSIZE", 2    '设点的大小
    ThisDrawing.Application.ZoomExtents    '缩放
End Sub
```

图 9-5　坐标展点代码

第三节　Excel COM 组件对象模型

Excel 是微软 Office 套件中的重要组件之一,是数据预处理、数据报表的极佳工具。其函数丰富,再开发能力强。

电子表格 Excel 以单元格为最小工作单位,对单元格进行设置、计算等操作是其开发的重点。Excel Worksheet 对象模型简图如图 9-6 所示。

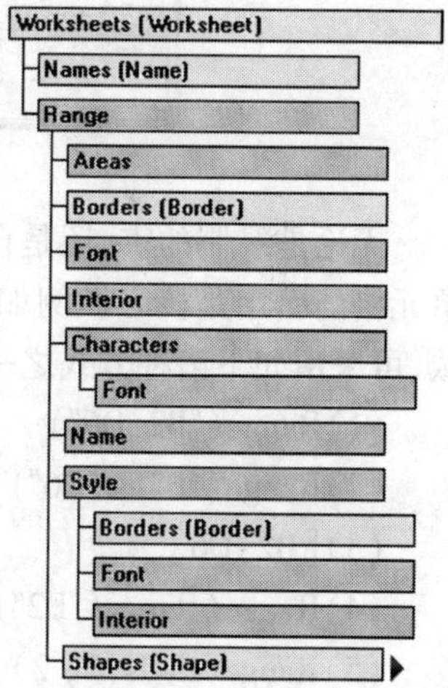

图 9-6　Excel Worksheet 对象模型简图

Excel 对象层次可理解为:工作簿 WorkBook→工作表 WorkSheet→单元格 Cell,即可用 Cells(row, column)(其中 row 为行号, column 为列号)返回单个单元格;然而,我们常常对多个单元格进行操作,这便引进了区域 Range 对象,即可用 Range(arg)(其中 arg 为区域名称)返回代表单个单元格或单元格区域,对 Excel 的操作又可为:工作簿WorkBook→工作表 WorkSheet→区域 Range。如:

```
Worksheets("Sheet1").Range("A5").Value = 18
Worksheets(1).Cells(3, 2).Value = "abc"
ActiveSheet.Cells(2, 1).Formula = "=sum(B1:B5)"
Selection.Interior.ColorIndex = 6    '格背景色
Selection.Font.ColorIndex = 3        '文字前景色
```

在 Excel 中,请选择菜单:工具→宏→宏…,弹出对话框如图 9-7 所示,单击“创建”按钮,出现 VBA 编辑器,与 AutoCAD 的 VBA 界面并无二致,你尽管按语言规范编写代码,测试运行即可。如图 9-8 所示。

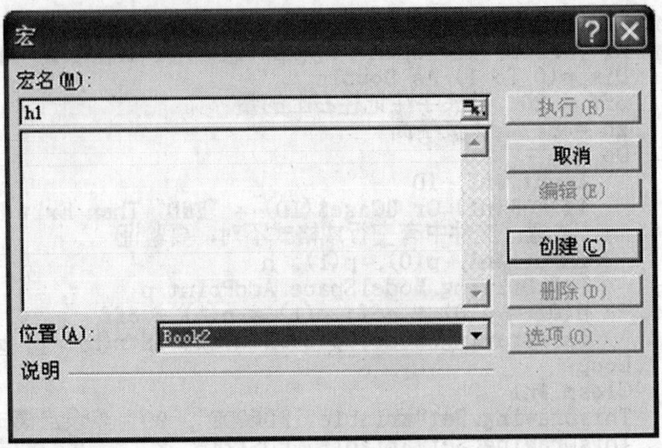

图 9-7　Excel 宏创建

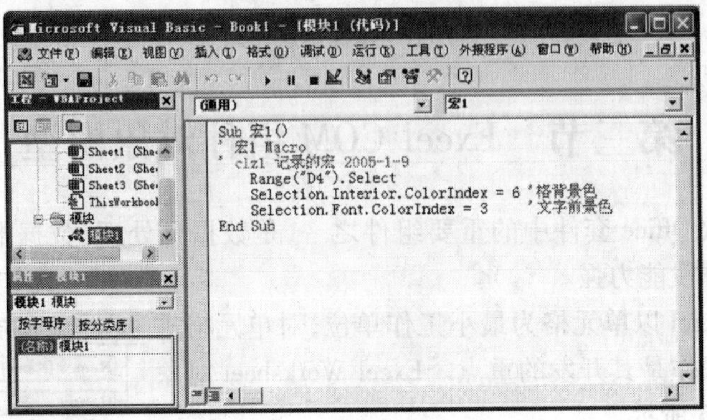

图 9-8　Excel VBA 界面

无论是录制的宏，还是自己手工编写的过程代码，均符合 VB 的语言规范，其中，Excel 单元格的引用是核心。例如，在 VBA 代码中，要引用当前工作表中的 B2:D6 单元格区域，可采用如下诸种方式之一：

(1) Range("B2:D6")

(2) Range("B2","D6")

(3) [B2:D6]

(4) Range(Range("B2"), Range("D6"))

(5) Range(Cells(2, 2), Cells(6, 4))

(6) 若将 B2:D6 区域命名为“MyRange”，则又可以使用下面的语句引用该区域：
Range("MyRange") 或 [MyRange]

(7) Range("B2").Resize(5, 3)

(8) Range("A1:C5").Offset(1, 1)

(9) 若单元格 B2 为当前单元格，则可使用语句：
Range(ActiveCell, ActiveCell.Offset(4, 2))

(10) 若单元格 D6 为当前单元格，则可使用语句：
Range("B2", ActiveCell)

例如“六连号”事件，在 Excel 中实现如下，请仔细体会本例中单元格的引用情况。代码中假设从 99 个号中选 36 个，测试数据请按如下说明自己手工预置：

```
''--在 sheet1 中 A、B 两列输 99 行数据，A 列输序号，B 列输编号，才可进行本测试
''--测试结果是将选中的号挪动到 D、E 列
Sub sj_dnph()
    N0 = 99: N1 = 36
    Randomize Timer
    For i = 1 To N1
        Sc = N0 - i + 1
        ir = Int(Rnd() * Sc) + 1        'ir 表示行

        ''复制选中的数据到第 5、6 列
        ThisWorkbook.Sheets(1).Cells(i, 5) = ThisWorkbook.Sheets(1).Cells(ir, 1)
        ThisWorkbook.Sheets(1).Cells(i, 6) = ThisWorkbook.Sheets(1).Cells(ir, 2)

        ''删除本单元格，上移
        ThisWorkbook.Sheets(1).Cells(ir, 1).Delete Shift:=xlShiftUp
        ThisWorkbook.Sheets(1).Cells(ir, 2).Delete Shift:=xlShiftUp
    Next
End Sub
```

第四节　独立 VB 程序调用 COM 的方法

1　VB6 调用 AutoCAD 的示例

在 VB6 中调用 AutoCAD 对象并让 AutoCAD 创建图形，代码如下：

```
Sub VB6_sub1()
    On Local Error Resume Next
    '连接到 AutoCAD 应用
    Dim acadApp As AcadApplication
    Set acadApp = GetObject(, "AutoCAD.Application")
    If Err Then
        Err.Clear
        Set acadApp = CreateObject("AutoCAD.Application")
        If Err Then
            MsgBox Err.Description
            Exit Sub
        End If
```

```
    End If
    MsgBox "你运行的 " + acadApp.Name + " 版本 " + acadApp.Version

    '连接到 AutoCAD 绘图环境文档
    Dim aDWG As AcadDocument
    Set aDWG = acadApp.ActiveDocument
    '在模型空间建立图元对象
    'Set xxObj = aDWG.ModelSpace.Addxx(…)
    '……

    acadApp.Visible = True
    acadApp.ZoomExtents        'ZoomAll
    Set acadApp = Nothing
End Sub
```

上述代码中"AutoCAD. Application"是对 AutoCAD 对象模型的前期绑定的语句。因而,请选择 VB6 菜单:工程→引用… ,在弹出的对话框中勾选"AutoCAD 2004 Object Library",以添加 AutoCAD 对象模型的引用。

示例代码首先查找内存中已运行的 AutoCAD 应用实例,如果没有,则启动它,称为对象变量 acadApp;接着,建立该应用下的图形文档 aDWG,代码忽略了在文档中绘制图元的操作,你可以用诸如 AddPoint、AddLine、AddArc、AddCircle、AddPolyline、AddText 等方法取代注释中的 Addxx 来实现相应的图元绘制功能;之后,显示 AutoCAD 应用实例,对环境作一些处理等。

AutoCAD 软件从 R14—2006 版本,均支持 VBA,均提供 COM,软件 Help 中提供了大量 VBA 实例,供学习和参考。

2 VB6 调用 Excel 的示例

下面是 VB6 中单导线近似计算中,将结果输出到 Excel 的一段代码,原置于一个 Sub 中。从代码中可以参照学习 VB 对 Excel 的外部调用、单元格赋值及属性设置的方法,代码如下:

```
Sub Start_PC()
    '
    '。。。
    '==========以上为核心计算部分==============
    '==========以下为输出到 Excel===============
    Dim xlApp As Object        'Excel.Application
    Dim xlBook As Object       'Excel.Workbook
    Dim xls As Object          'Excel.Worksheet
```

```
On Local Error Resume Next
Set xlApp = CreateObject("Excel. Application")
Set xlBook = Nothing
Set xls = Nothing
Set xlBook = xlApp. Workbooks( ). Add
Set xls = xlBook. Sheets(1)
xls. Name = "单导线"
With xls
    . Range("A1:I1"). Merge
    . Cells(1, 1). Value = "xx 单导线近似计算 (" & Date & ")"
    . Cells(1, 1). Font. ColorIndex = 5

    . Cells(2, 1). Value = "点名"
    . Cells(2, 2). Value = "X(北)"
    . Cells(2, 3). Value = "Y(东)"
    . Cells(2, 4). Value = "观测左角"
    . Cells(2, 5). Value = "改正"
    . Cells(2, 6). Value = "方位角"
    . Cells(2, 7). Value = "观测边长"
    . Cells(2, 8). Value = "ΔX"
    . Cells(2, 9). Value = "ΔY"
    '_ _ _ _ _ _ _ _ _ _ _ _ _ _ _ _ _ _ _ _ _ _ _ _ _ _ _ _ _ _
    cc = 1
    . Cells(3, cc). Value = "A'"
    . Cells(4, cc). Value = "A"
    For ir = 1 To ds - 2
        . Cells(2 * ir + 4, cc). Value = ir
    Next
    . Cells(2 * ir + 5, cc). Value = "B"
    . Cells(2 * ir + 6, cc). Value = "B'"

    For cc = 1 To 5
      For ir = 1 To ds
        . Range(. Cells(2 * ir + 2, cc), . Cells(2 * ir + 3, cc)). Merge
      Next
    Next

    For cc = 6 To 9
      For ir = 0 To ds
        . Range(. Cells(2 * ir + 3, cc), . Cells(2 * ir + 4, cc)). Merge
      Next
    Next
```

```
.Rows("3:" & 2 * ir + 5).RowHeight = 10
.Range(.Cells(5,7),.Cells(2*ds+5,9)).NumberFormatLocal="0.000_"
.Range(.Cells(4,2),.Cells(2*ds+7,3)).NumberFormatLocal="0.000_"
.Range(.Cells(4,4),.Cells(2*ds+15,4)).NumberFormatLocal="0.0000_"
.Range(.Cells(3,5),.Cells(2*ds+7,5)).NumberFormatLocal="0.0_"
.Range(.Cells(3,6),.Cells(2*ds+9,6)).NumberFormatLocal="0.0000_"
'-------------------------------------

cc = 4    '填写左角
For ir = 1 To ds
    .Cells(2 * ir + 2, cc).Value = Format$(bi(ir - 1), gs1)
Next

cc = 5    '填写角度分配值
For ir = 1 To ds
    .Cells(2 * ir + 2, cc).Value = fen
Next

cc = 6    '填写坐标方位角
For ir = 1 To ds - 1
    .Cells(2 * ir + 3, cc).Value = a方(ir - 1)
Next
    .Cells(3, cc).Value = aA
    .Cells(2 * ir + 3, cc).Value = aB

cc = 7    '填写边长
For ir = 1 To ds - 1
    .Cells(2 * ir + 3, cc).Value = si(ir - 1)
Next

cc = 8    '填写Δx
For ir = 1 To ds - 1
    .Cells(2 * ir + 3, cc).Value = dx(ir - 1)
Next
cc = 9    '填写Δy
For ir = 1 To ds - 1
    .Cells(2 * ir + 3, cc).Value = dy(ir - 1)
Next
```

```
cc = 2: x = xA      '填写 x()
For ir = 1 To ds - 2
    x = x + dx(ir - 1)
    .Cells(2 * ir + 4, cc).Value = x
Next
.Cells(4, cc).Value = xA
.Cells(2 * ir + 4, cc).Value = xB

cc = 3: y = yA      '填写 y()
For ir = 1 To ds - 2
    y = y + dy(ir -1)
    .Cells(2 * ir + 4, cc).Value = y
Next
.Cells(4, cc).Value = yA
.Cells(2 * ir + 4, cc).Value = yB

ir = 2 * ds + 5
.Range("A" & ir & ":I" & ir).Merge

ir = ir + 1
.Cells(ir, 3).Value = "∑β ="
.Cells(ir, 3).HorizontalAlignment = xlRight
.Cells(ir, 4).Value = DMS(hb)
.Cells(ir, 6).Value = "fβ =" & fb & " 秒"

ir = ir + 1
.Cells(ir, 8).Value = "fx = " & Format(fx, "0.###")
.Cells(ir, 9).Value = "fy = " & Format(fy, "0.###")
.Cells(ir, 6).Value = "fs = " & Format(fs, "0.###")
.Cells(ir, 7).Value = "'1/" & Format(hs / fs, "0")
'-----------------------------
.Cells.HorizontalAlignment = xlRight
.Cells.VerticalAlignment = xlCenter
.Cells.EntireColumn.AutoFit
'打印页面设置----
.PageSetup.Orientation = xlLandscape
.PageSetup.PaperSize = xlPaperA4
```

```
            .PageSetup.Zoom = False
            .PageSetup.FitToPagesWide = 1
            .PageSetup.FitToPagesTall = False
            .PageSetup.PrintGridlines = True
            .PageSetup.CenterHorizontally = True
            '-----------------------------------
            On Local Error GoTo 0
            .Range("B3").Select
        End With
        xlApp.Application.Visible = True
        'xlApp.ActiveWindow.SelectedSheets.PrintPreview
        Set xlBook = Nothing
        Set xls = Nothing
        Set xlApp = Nothing        '交还控制给 Excel
    End Sub
```

练 习 题

9-1 有哪些著名的软件包支持 VBA?

9-2 Excel 环境中的最小工作单元是什么？其在对象模型中是怎样引用的?

9-3 VB6 建立对象模型 COM 的实例时,用的是哪个函数?

9-4 VB6 过程中用到某对象模型时,其工程中必须添加该对象模型的引用,如何添加?

附录　MatrixVB 的使用

MatrixVB 是由第三方(Mathtools 公司)提供的 COM 组件,专为 VB 而设计,包含了大量与 MATLAB 相似的函数与调用语法,可以加强 VB 的数学运算与图形处理功能。在 VB 程序代码中可以像使用 VB 自己的函数一样使用 MatrixVB 的函数,而且可以不依赖于 MATLAB 的环境在 Visual Basic 中完成矩阵运算与图形绘制和显示等功能,这种方法使用起来简单,编程效率较高。

MatrixVB 函数库的功能大致可分为 8 大类:矩阵运算、运算符重载、图形图像处理、最优化运算、多项式、信号处理、随机与统计分析、控制系统。

本附录介绍在 VB 应用中引入 MatrixVB 的技术与方法。

1　初步使用 MatrixVB

1.1　安装 MatrixVB

(1)系统要求为:硬盘空间 8.8 MB 以上;操作系统要求 Windows 95 及其以上版本,或者 Windows NT 4.0 及其以上版本。

(2)在安装盘上找到 MatrixVB.exe,双击后启动安装程序,并按照安装向导安装,输入注册码或无注册试用即可。

(3)在"开始→运行"菜单中用命令 regsvr32 mmatrix.dll 注册,如图 1 所示。

图 1　注册

1.2　建立 EXE 项目,并为项目添加 MatrixVB 引用

(1)启动 VB 开发环境并建立"标准 EXE"项目,显示开发界面。

(2)选择菜单:工程→引用…,在弹出的"引用"对话框中选中 mmatrix 项目,系统将加载 MatrixVB 的动态链接库 mmatrix.dll,如图 2 所示。

1.3　在 VB 中使用 MatrixVB 的命令与函数

1.3.1　采用立即窗口的形式

在 VB6 IDE 下,按 Ctrl + G 键启用立即窗口,在立即窗口中可测试任何 VB 命令或 MatrixVB 函数命令。

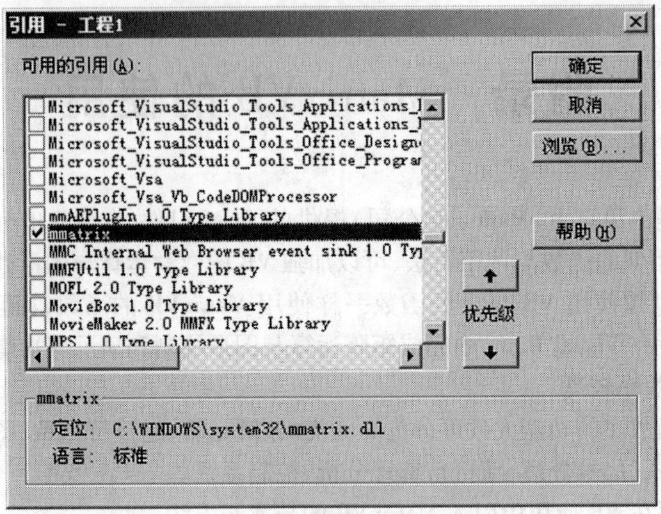

图2 引入 MatrixVB 的动态链接库

例如,在立即窗口中输入如下命令(见图3):

```
a = zeros(4,4)
a. show
```

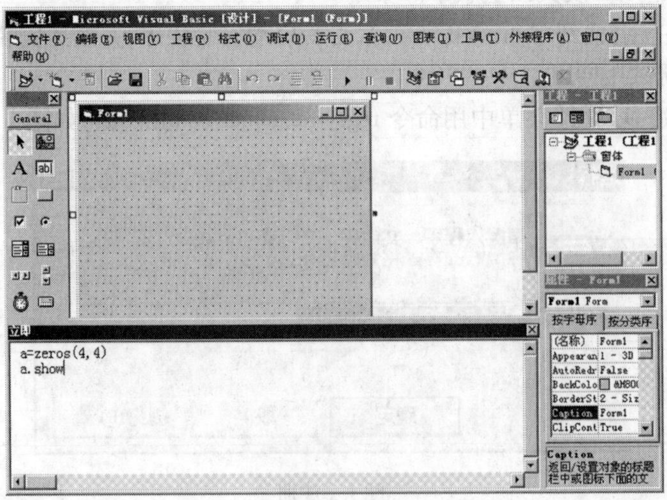

图3 在立即窗口中输入命令

第一行命令将产生一个4行4列的单位矩阵,第二行代码在 MatrixVB 的观察窗口 Matrix Viewer 中显示结果,如图4所示。

1.3.2 在 VB 程序代码中使用

可以将 MatrixVB 的函数与命令调用嵌入 VB 程序代码中实现相应的功能,其函数与命令的使用方式类似于在 MATLAB 环境中的使用方式。

在 Form1 主窗口中增加一个按钮 Command1,其 Caption 为"用 Matrix 显示单位矩阵",手写按钮的事件代码如图5所示。

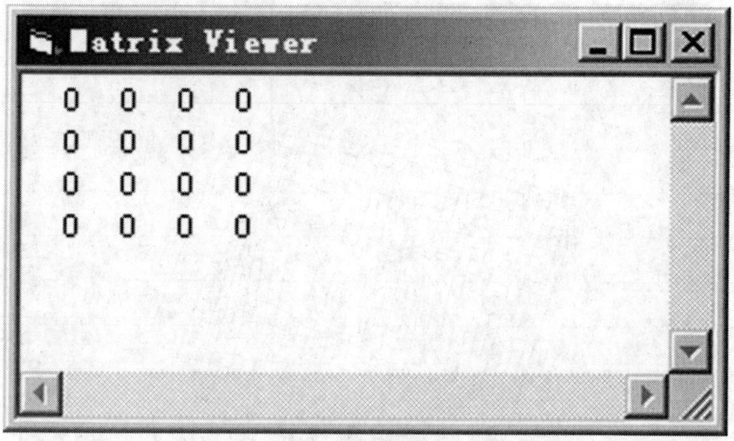

图 4　显示结果

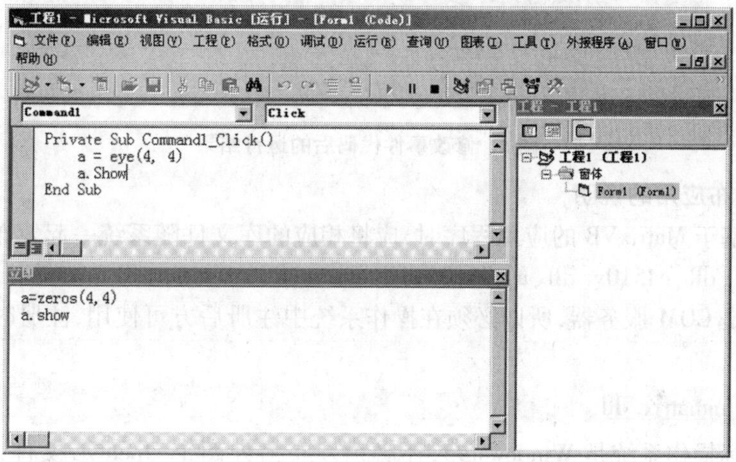

图 5　按钮的事件代码

运行程序，单击如图 6 所示命令按钮，运行结果如图 7 所示。

图 6　已创建的命令按钮

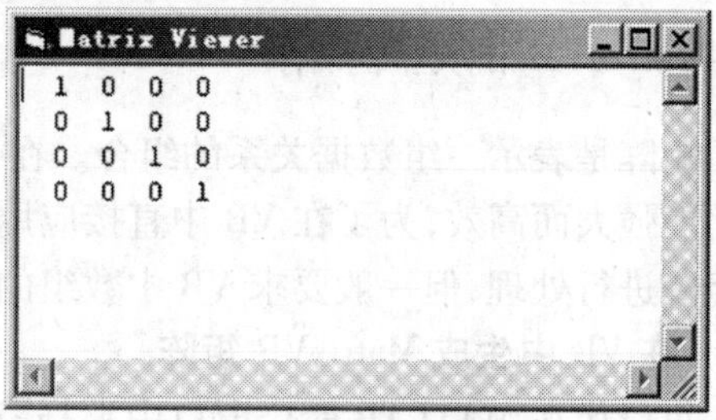

图 7　运行结果

如果将按钮的事件代码改为下面语句：

```
mesh(peaks(30))
```

运行结果将如图 8 所示，该例演示了嵌入 MatrixVB 命令绘图的情况。

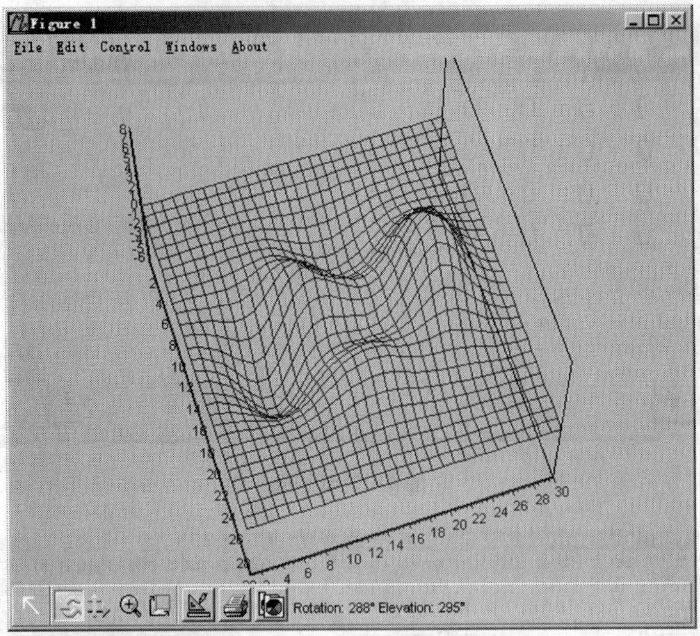

图 8　修改事件代码后的运行结果

1.4　关于发布应用的说明

在发布基于 MatrixVB 的应用程序时，应将相应的库文件随系统一起发布。这些文件包括：v4510v. dll、c4510v. dll、ago4510. dll、msvcrt. dll、msvcirt. dll 和 mmatrix. dll。由于 mmatrix. dll 是 COM 服务器，所以必须在操作系统中注册后方可使用，注册时可使用如下命令行语句：

```
regsvr32 mmatrix. dll
```

如果目标操作系统是 Windows 95，还必须发布另外两个 OpenGL 文件，即 opengl32. dll 与 glu32. dll，但在其他操作系统如 Windows 98/Me/NT 4/2000 等环境下，则这些文件已经安装。

2　MatrixVB 的矩阵操作

矩阵是表示一组数据关系的组合。在 MatrixVB 中包含了许多矩阵分析函数，这些函数功能强大而高效，为了在 VB 中直接应用 MatrixVB 的矩阵函数，一般将 VB 中的数组当成矩阵进行处理，但一般要求 VB 中数组的数据类型为 Double 类型。

2.1　在 VB 中生成 MatrixVB 矩阵

可以像在 MATLAB 命令窗口中那样，直接在 VB 中定义 MATLAB 矩阵变量；也可以使用 VB 的 Variant 通用型变量表示矩阵，其定义的方法如下：

```
Dim x As Variant
```

一般在 VB 中产生 MatrixVB 的方法主要有以下几种。

2.1.1　通过函数 mabs 将 VB 数组转化为 MatrixVB 的矩阵

将 VB 中定义的数组通过函数 mabs 转化为 MatrixVB 的矩阵，格式为：

MVB_MATRIX = mabs(VB_ARRAY)

MVB_MATRIX 为 MatrixVB 的矩阵名称,如同在 MATLAB 窗口中那样,不需要事先定义,VB_ARRAY 是 VB 程序中定义的数组,也可以是单独的 VB 常量与变量。

修改上例 Command1 按钮的 Click 事件的处理过程代码为:

```
Private Sub Command1_Click()
    Dim A(1 To 3, 1 To 3) As Double
    Dim i As Integer, j As Integer
    For i = 1 To 3
        For j = 1 To 3
            A(i, j) = CDbl(i + j)          '数组元素转换为 Double
        Next
    Next

    B = mabs(A)        '数组 A 转换为矩阵 B
    B.Show
End Sub
```

该段代码首先定义了一个二维 VB 数组 A,然后将其赋值,通过 mabs 函数转化为 MatrixVB矩阵 B 并将其显示出来。

运行程序并单击该按钮,运行的结果如图 9 所示。

图 9　通过函数 mabs 产生的 MatrixVB 矩阵

2.1.2　通过 MatrixVB 函数生成矩阵

可以使用 MatrixVB 中的特殊函数(如 zeros()、ones()、magic()等)直接生成矩阵。如在 VB 程序代码中直接嵌入语句:

```
a = zeros(3,4)
a.show
```

结果将产生一个 3 行 4 列元素都为 0 的矩阵并将其显示出来。

在应用程序中我们也可以先定义变量,然后赋值产生矩阵。如下两种类型(Matrix 和 Variant)的语句,都将产生一个 3 × 4 的 0 矩阵。

```
Dim m1 As Matrix
Dim m2 As Variant
Set m1 = zeros(3,4)              '赋值为 3 ×4 的 0 矩阵
Set m2 = zeros(3,4)              '赋值为 3 ×4 的 0 矩阵
```

2.1.3 通过函数 CreateMatrix 创建矩阵

通过函数 CreateMatrix 创建的矩阵可以在创建过程中直接赋值,格式为:

```
X = CreateMatrix(p1 , p2 ,…, pn )
```

式中:p1 , p2 ,…, pn 为矩阵的值。

函数 Reshape 用来设置由函数 CreateMatrix 所创建的函数的维数,格式为:

```
Reshape(X,rows,cols)
```

X 为由 CreateMatrix 创建的矩阵,rows 为指定的行数,cols 为指定的列数。

如下例所示:

```
A = CreateMatrix(1,2,3,4,5,6,7,8,9)
A = Reshape(A,3,3)
A. Show
```

创建一个矩阵,并将其指定为 3 行 3 列,结果如图 10 所示。

图 10 由 CreateMatrix 和 Reshape 产生的矩阵

2.2 对矩阵元素进行操作

(1)通过下标方式访问 MatrixVB 矩阵,但是这种方式只能对矩阵元素进行写操作,其格式如同访问 VB 的数组元素一样,例如,A 是一个二维矩阵,则下列代码:

```
A(i,j) =2.0
'将矩阵的第 i 行第 j 列赋值为 2
```

(2)MatrixVB 矩阵属性 rN、iN 可以读写访问矩阵中的每个元素的实部和虚部,其中 N 表示矩阵的维数,例如,对于一维 MatrixVB 矩阵 A,下列代码:

```
A.r1(i) = 12        '写操作
'将矩阵 A 的第 i 个元素赋值为 12
a1 = A.r1(i+1)      '读操作
'将第 i+1 个元素值赋给 VB 中的变量 a1
```

再如,对于二维矩阵 B,下列代码:

```
B.r2(i,j) = 12        '写操作
'将矩阵 B 的第 i 行第 j 列元素赋值为 12
a = B.r2(i,j)         '读操作
'将矩阵 B 的第 i 行第 j 列元素值赋给 VB 中的变量 a
```

(3)获得矩阵的行、列、维数。

利用函数 rows()、cols()、dims()、dimension(n)返回矩阵的行数、列数、维数及第 n 维的个数属性,与这些属性相关的 VB 中的数据类型一般为 integer 类型,例如,对于二维矩阵 AA,下面的代码将得到矩阵的行数与列数,并将其赋值给 VB 中的变量。

```
a = AA.rows()              '获得矩阵的行数
b = AA.cols()              '获得矩阵的列数
c = AA.dims()              '获得矩阵的维数
d = AA.dimension(1)        '获得第一维的个数
```

2.3 矩阵的保存与载入

使用 vbsave 命令将矩阵写入磁盘文件中,并将数据文件中保存的文件读到程序中。语法格式分别为:

```
vbsave filename variable
vbload(filename)
```

例如,以下代码将产生的魔方矩阵 A 保存到文件 magic.txt 中,并读到 B 中。

```
A = magic(3)
vbsave "magic.txt"  A
B = vbload("magic.txt")
```

也可以使用 MatrixVB 提供的类 C 语言格式的函数来对特定格式的文件进行读写,把矩阵所有的元素都输出为一列,数据文件只能用 DOS 方式打开,如:

```
Dim fid As Variant
Dim A As Variant
Dim B As Variant
A = magic(4)
fid = fopen("one.txt", "w")
Call fprintf(fid, "%g\n", A)
Call fscanf(fid, "%g\n", B)
fclose (fid)
```

3 MatrixVB 的运算符

VB 不支持运算符的重载,例如"+"只能用于标量的加法运算,但在 MatrixVB 组件包中提供了一组函数用于扩展 VB 本身的运算符的适用范围,这些函数不仅能对 MatrixVB 矩阵进行算术运算,而且可以对 VB 支持的数据类型进行相同的运算,或者进行二者的混合运算。因此,这些函数相当于扩展了 VB 运算符的范围,可以像使用 MatrixVB 组件包中其他函数一样对这些函数进行调用。我们可以将 MatrixVB 运算符函数分为算术运算符函数、关系运算符函数和逻辑运算符函数等。

值得注意的是,虽然 MatrixVB 的这一组函数可以用于 VB 的某些数据类型的变量或常量,但 VB 的运算符却不能用于 MatrixVB 矩阵。

3.1 算术运算符

MatrixVB 的算术运算符函数及与 VB 相关运算符的对应关系见表 1。

表 1 MatrixVB 的算术运算符函数及与 VB 相关运算符的对应关系

Visual Basic	MatrixVB	MatrixVB 运算函数说明
a^b	power(a,b)	a 的 b 次方
a * b	times(a,b)	a 乘 b
a/b	rdivide(a,b)	a 右除 b
a\b	ldivide(a,b)	a 左除 b
a Mod b	mmod(a,b)	a 对 b 求余
a + b	plus(a,b)	a 加 b
a - b	minus(a,b)	a 减 b
-a	uminus(a)	取 a 的每一个元素的相反数

注: a 和 b 可以都为 VB 所支持的整型、浮点型变量或者常量,运算的结果为 MatrixVB 变量矩阵,此时与 VB 的运算符所起的作用是一样的。

3.2 关系运算符

MatrixVB 的关系运算符函数及与 VB 相关运算符的对应关系见表 2。

表 2　MatrixVB 的关系运算符函数及与 VB 相关运算符的对应关系

Visual Basic	MatrixVB	MatrixVB 运算函数说明
a < b	lt(a,b)	a 若小于 b 则结果为真,否则为假
a < = b	le(a,b)	a 若小于等于 b 则结果为真,否则为假
a > b	gt(a,b)	a 若大于 b 则结果为真,否则为假
a > = b	ge(a,b)	a 若大于等于 b 则结果为真,否则为假
a = b	eq(a,b)	a 若等于 b 则结果为真,否则为假
a < > b	ne(a,b)	a 若不等于 b 则结果为真,否则为假

注:(1)a 和 b 可以都为 VB 所支持的整型、浮点型变量或者常量,此时与 VB 的运算符所起的作用是一样的。

(2)a 与 b 都为 MatrixVB 矩阵,此时二者的维数、大小均要一致,所做的运算为两个矩阵对应元素的运算,运算结果为由 1,0 构成的矩阵。

(3)a 与 b 中一个为 MatrixVB 矩阵,一个为 VB 中的数据类型(整型、浮点型)的变量,所做的运算为该变量对矩阵每个元素的逻辑运算。

3.3　逻辑运算符

MatrixVB 的逻辑运算符函数及与 VB 相关运算符的对应关系见表 3。

表 3　MatrixVB 的逻辑运算符函数及与 VB 相关运算符的对应关系

Visual Basic	MatrixVB	MatrixVB 运算函数说明
a And b	mand(a,b)	a 与 b 做与运算
a Eqv b	mnot(mxor(a),b)	当 a 与 b 同时为真或假时结果为真,否则为假
a Imp b	mor(mnot(a),b)	a 为真 b 为假时结果为假,否则为真
not a	mnot(a)	a 做非运算
a Or b	mor(a,b)	a 与 b 做或运算
a Xor b	mxor(a,b)	a 与 b 做异或运算

注:有关矩阵逻辑运算符的数据类型说明与关系运算符相同,所得到的结果为由 0,1 构成的矩阵或变量。

3.4　一些常用的运算函数

MatrixVB 还提供了大量运算函数,表 4 介绍了几个常用的运算符函数。

表 4　MatrixVB 的一些其他运算符函数

函数名	函数说明
Colon(a,b,c)	产生一个从 a 到 c 步长为 b 的序列
Primes(n)	产生小于 n 的素数序列
Rand(n)	产生一个个数为 n 的随机序列
Logspace(a,b,n)	产生一个个数为 n 的对数序列
vbfilter(a,b,c)	FIR 滤波函数,a、b 为滤波器系数矩阵,c 为一个数据向量
fft(a)	快速傅里叶变换,a 为一个输入序列
Roots(a)	用来求多项式的根,a 为输入的矩阵
Mldivide(a,b)	解线性方程组,a 为系数矩阵,b 为方程组等号右边的向量
Inv(a)	B = Inv(a),则 B 矩阵为 a 矩阵的逆矩阵
Strcat(a,b)	
Horzcat(a,b)	连接两个矩阵
Vertcat(a,b)	

例如,给定一个线性方程组:

3a + b + 7c = 7

11a + 4b + 6c = 3

9a + 2b = -20

代码为:

```
A = CreateMatrix(3, 11, 9, 1, 4, 2, 7, 6, 0)
A = Reshape(A, 3, 3)
B = CreateMatrix(7, 3, -20)
B = Rshape(B, 3, 1)
X = Mldivide(A, B)

C = Hrzcat(A, B)
D = Hrzcat(C, X)
D.Show
```

运行的结果如图 11 所示,最后一列为 a、b、c 的解。

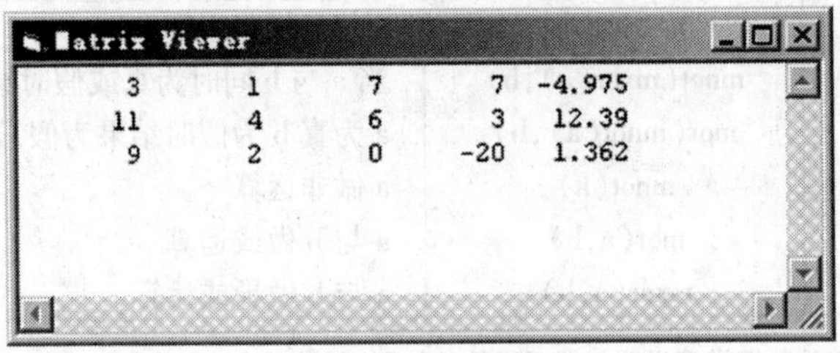

图 11　求方程组的解结果

此外,还有很多运算函数,请参考帮助文档 refguide. pdf,这里不一一介绍了。

4　图形图像处理

MatrixVB 组件包提供了一整套用于二维或三维作图的函数、颜色处理函数、图像处理函数、图像句柄处理函数及用户界面对话框等工具。MatrixVB 同时支持在 Figure 窗口及 VB 窗口中绘制图形与进行图像处理。

下面将介绍如何使用这些函数与工具来为 VB 程序创建和处理图形。

4.1　在 Figure 窗口中绘制图形

在 MatrixVB 组件包中包含了用于生成圆饼图、直方图、频率图、等高线图、极坐标图和散点图等的函数,可以基本满足图形绘制的应用需求,同时也提供了能读取多种格式图像的处理函数。

借助这些函数及数学运算函数、颜色处理函数,可以方便地作出各种图形。

(1)建立 VB 工程,引入 MatrixVB,在程序主窗口中添加一个按钮控件。

(2)为按钮的 Click 事件的处理过程编写代码。

```
Private Sub Command1_Click()
    figure (1)
    plot (randn(1000, 1))

    figure (2)
    plot (inv(hilb(12)))
End Sub
```

(3)运行结果如图 12 所示。

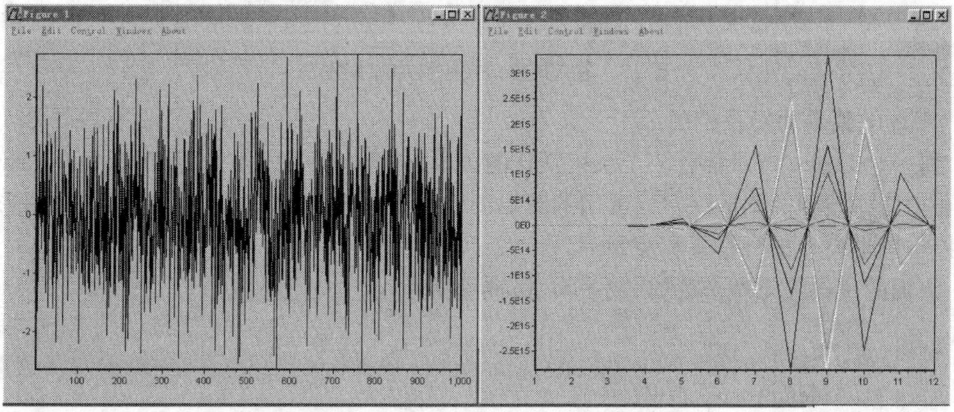

图 12　在 Figure 窗口中绘制图形

4.2　在 VB 窗口或控件中绘制图形

MatrixVB 也支持直接在 VB 窗口或控件中绘图,此时需要用到 MatrixVB 函数 vbaxes 来为窗口添加一个 axes 对象,代码为:

```
ax = vbaxes(cHandle)
```

ax 为一个 axes 对象,cHandle 为窗口或者绘图控件的句柄。

下面修改上例中的主窗口,增加一个 PictureBox 控件,名称为 Picture1,修改代码如下:

```
Private Sub Command1_Click()
    ax = vbaxes(Picture1.hWnd)
    plot (randn(1000, 1))
End Sub
```

运行结果如图 13 所示。

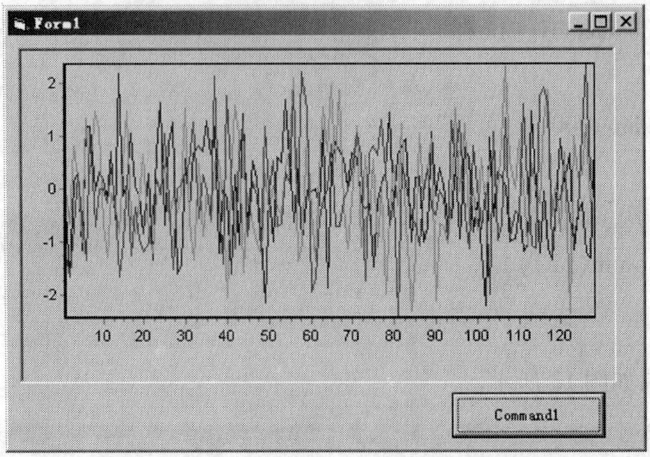

图 13　在 VB 窗口或控件中绘制图形

4.3　Figure 菜单功能及控制

每一个 Figure 窗口都有一个系统默认的菜单,该命令菜单主要包括 File 、Edit、Control 等,可以将所绘制的图形保存成常用的图形图像格式,控制图形显示、设置和修改图形的属性,对图形窗口进行设置和控制等。

下面的代码关闭整个菜单,或关闭 About 菜单:

```
mset gcf,"Menu","Off"
mset gcf,"MenuAbout","Off"
```

文件菜单可以打印或保存你的图形,保存的格式可以是: M - file、GIF、JPG、BMP、TIF、PNG 等。

总之,MatrixVB 功能强大,更多细节请参考 refguide. pdf 帮助文档。

参 考 文 献

[1] 张东明.测量数据处理.昆明:昆明冶金高等专科学校,2000.

[2] 亓莱滨. Visual Basic 程序设计[M].北京:清华大学出版社,2005.

[3] 刘瑞新,汪远征. Visual Basic 程序设计教程[M].北京:机械工业出版社,2003.

[4] Brian Siler, Jeff Spotts. Visual Basic 6.0 开发使用手册[M].康博创作室,译.北京:机械工业出版社,1999.

[5] 魏源源. Visual Basic 5.0 中文版程序设计教程[M].北京:电子工业出版社,1998.

[6] Francesco Balena. Visual Basic 2005 技术内幕. 微软技术丛书[M].贾洪峰,译. 北京:清华大学出版社,2006.